實戰應用
MongoDB 5.X

序

和認識好久的出版社編輯聊到自己想寫本資料庫的書時,她對我還想寫資料庫的書感到訝異。其實我接觸資料庫好久了,第一個玩過的資料庫是 DBase III,但玩的不好(認識這資料庫的應該都是老骨頭級)。大三時教我資料庫的老師後來成了我指導教授,他現在退休了,一位非常好的老師。有了系統化的學習資料庫,才比較能夠掌握整個資料庫操作邏輯,之前都是亂摸索,玩不出個名堂。

真正感覺到資料庫是抓在手中的時候是在當兵時(男人最愛的話題),與區隊長一起搞出了一整套幹訓班人事與部冊管理系統,那時才真正瞭解資料庫威力。原本各業務士要花兩三個星期才能完成的工作,在有了資料庫加持後,一個上午所有部冊就全部完成了。當完兵後的第一份工作也跟資料庫有密切關係,我跟辦公室同事一起開發了學校的選課系統,我負責資料庫規劃與預存程序撰寫,用的是 Oracle。好像很厲害,其實也就是寫寫程式與下下 SQL 指令而已。

我很喜歡資料庫,工作內容也一直跟資料庫有關,原本以為資料庫差不多就這樣了,基本架構不至於有太大的變化。但資訊業的特性就是每天都會有驚喜,天知道明天會有什麼怪東西出現。後來接觸到MongoDB 時真的有被這個資料庫驚艷到,這是完全不同於關連式資料庫的操作方式,基本概念也不相同,簡單方便,資料拿到就存,不需事先花時間去規劃資料庫模型。當時趁著新鮮感還在,迅速整理出一套投影片,接著在一些開課單位上了幾次課,現在寫了這本書,也算是多年來我的資料庫生涯有一個完整的交代。

感謝碁峰資訊與編輯很勇敢地再次讓我嘗試了一本與之前完全不同主題的書，隨著本書付梓，後續如有相關訊息、勘誤或是課程資訊也會公布在我的研蘋果官網（https://www.chainhao.com.tw），歡迎讀者隨時來逛逛。

2022 年 3 月春

目錄

01 NoSQL 與 MongoDB 簡介

02 安裝與啟動

03 資料存取

04 Aggregation 進階查詢

08 索引

09 複寫

10 分片

11 交易

12 變化流

13 系統管理

14 應用程式介面

01

Chapter

NoSQL 與 MongoDB 簡介

1-1 NoSQL 與 SQL

NoSQL（Not only SQL）這個字在這幾年變的很熱門，代表了一種不同於關連式資料庫的資料儲存與管理方式。我們知道關連式資料庫的操作指令稱為 SQL command，因此 SQL 這個字已相當於關連式資料庫的代名詞，而 NoSQL 則表示除了關連式資料庫外，資料儲存還可以有別的選擇。

關連式資料庫是 IBM 研究員 E. F. Codd 在 1970 年發佈的一種資料格式，所有資料以二維表格形式儲存，看起來就像 Excel 工作表一樣，並且嚴格定義了每個欄位要儲存的資料內容與型態。但有時候要將各種不同樣子的資料硬是用一個二維表格來呈現會是一件很困難的事情，例如要用 Excel 來儲存一個樹狀結構時，就需要花點心思來設計如何將一棵樹轉成一個二維表格。

早年的儲存媒體不論是硬碟或是記憶體都很昂貴，太多重複的資料將大幅增加硬體成本，因此關連式資料庫最大的特色就是透過正規化將一筆資料拆成很多部分然後儲存到不同的資料表中。透過正規化能夠大幅減少資料重複性，但造成的副作用就是資料破碎，使得查詢時必須先將各資料表中的片段資料連結起來才能得到最後結果。

關連式資料庫高度仰賴資料模型，所有資料必須先符合模型後才能儲存進資料庫。好的模型設計可以讓資料庫高效率的存取大量資料並且節省系統資源，但缺點就是資料在格式上彈性變差了。很多時候我們無法預測未來資料會變成什麼樣子，等到有一天資料格式變的跟原先設計不一樣的時候，調整資料庫模型會變成一件棘手的事情。所以在建立模型的時候，除了需要有經驗的資料庫工程師之外，還需要花很多時間去思考未來可能出現的資料變化，並盡可能將這些變化設計在資料模型中以減少未來模型變動機率。

由於現在的系統開發速度要求越來越快，資料格式也越來越多樣，設計資料庫模型所帶來的開發時間壓力就越來越重。在希望加快開發速度的前提下，NoSQL 的基本精神就是，既然關連式資料庫不容易處理這類型的資料，那就設計一種專門適合儲存這種類型的資料庫好了。

NoSQL 類型資料庫在 2000 年左右被提出來，目的就是改善在關連式資料庫模型無法輕易變動的情況下，對於各種不同表徵的資料，都能快速方便的存進資料庫，而不需要花太多時間精力去建構與調整模型。目前 NoSQL 資料庫大至可分為四種形式，分別是鍵值、文本、列式與圖形這四種，簡述如下。

鍵值（Key-value）

這種資料庫儲存由 Key-value 配對而成的資料，資料結構在程式語言中相當於字典型態。例如：

KEY	VALUE
title	天氣預報
version	1.0.3
platform	Linux
author	Eric
release_date	2022/1/1

這種格式常見於系統專案或應用程式中的使用者偏好設定，在這種資料庫中想要加入一個鍵或是刪除一個鍵都非常容易，事先也不需要去定義鍵的名稱。代表性資料庫如 Redis、Memcached。

文本（Document-based）

這就是常聽到的文本或文件導向式資料庫。文本式資料庫可以儲存更複雜的鍵值型態資料，例如常見的 XML、HTML、JSON。每一份文件都有一個唯一識別碼，因此整個資料庫中可以儲存大量的文件。對資料庫而言，儲存的文件內容為何資料庫並不在意。也就是說，兩份完全不同格式的文件，都可以存在同一個地方，資料庫也不需要事先決定文件格式。

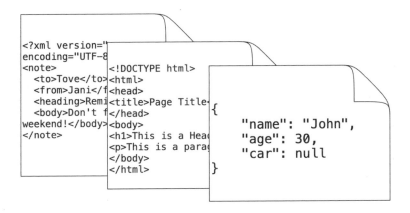

例如我們想要將一份 HTML 格式的網頁儲存到文本式資料庫中，我們唯一要做的事情就是將 HTML 抓下來然後整個存到資料庫去就完成了，想要儲存不同網站的各種類型網頁也是同樣的步驟，資料庫都不需要事先定義 HTML 的標籤結構。

除了 HTML 這種格式的文件之外，當然還有別的格式，像本書主角 MongoDB 資料庫是專門用來儲存 JSON 格式文件，只要我們拿到的資料是 JSON 格式，就可以原封不動的直接存進資料庫中。

列式（Column）

列式資料庫是一種適合用來做資料分析的資料庫，以下面這張表為範例來說明列式與行式的差異。

學號	姓名	年級	數學
S1	David	1	80
S2	Emma	1	85
S3	Eric	2	70

在行式（Row）資料庫中，上面這張表會以行為單位儲存在硬碟或是記憶體中，如下。

S1	David	1	80	S2	Emma	1	85	S3	Eric	2	70

這樣的儲存方式對新增一筆資料時會非常的快速，因為只要將新資料加在尾端即可，如下。

S1	David	1	80	S2	Emma	1	85	S3	Eric	2	70	S4	Tom	3	90

但這樣的儲存方式對資料分析不利，例如我們要計算物理學科的平均成績，這時我們就需要把四筆資料都取出後，再取出物理成績算平均。若這四筆資料分散在不同的硬碟或主機上，這時還需要存取多個硬碟或主機才能取得需要的資料。

S1	David	1	80	S2	Emma	1	85	S3	Eric	2	70	S4	Tom	3	90

若是行式（Column）資料庫，資料會以行為單位儲存，如下。

S1	S2	S3	David	Emma	Eric	1	1	2	80	85	70

在新增一筆資料時，需要將該筆資料拆散後放入正確的位置，此時的儲存效率並不會比行式來得好，如下。

S1	S2	S3	S4	David	Emma	Eric	Tom	1	1	2	3	80	85	70	90

但這樣的格式在數據分析時，會有很高的讀取效率。例如我們一樣要計算物理學科的平均成績，這時只要取最後面四筆資料即可。如果這四筆資料分別儲存在四個硬碟或主機上，這時只要讀取一個硬碟或主機就可以取得需要的資料。因此對於數據分析而言，列式通常比行式有更高的讀取效率。並且列式因為相同欄位的資料放在一起並且連續儲存，因此對於編碼或資料壓縮的效果上也比行式來得好，我們可以針對不同欄位的資料型態選擇適合的編碼或壓縮演算法。代表性資料庫如 Cassandra、HBase。

圖形（Graph）

圖形資料庫儲存的是節點與邊的相關資料，例如樹狀結構或圖形結構中的每個節點與節點間的連線。這種資料庫能快速透過邊來搜尋各節點中的資料，像地理資訊系統中的最佳化路線搜尋、人與人之間的社交關係、零售業的推薦系統。

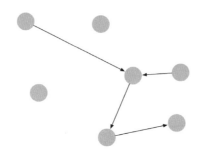

這種資料庫在搜尋節點與節點間的關係時，比關連式資料庫有更好的搜尋效率，代表性的資料庫如 Neo4j、JanusGraph。

1-2 MongoDB 介紹

MongoDB 屬於 NoSQL 類型資料庫中的文本式（document-based）資料庫，於 2009 年推出，符合 JSON 格式的資料都可以儲存進去。

與關連式資料庫最大不同處在於 MongoDB 著重於每筆資料的完整性，不像關連式資料庫會將一筆資料拆成好幾個部分並分別儲存到不同資料表去。MongoDB 中的每筆資料都是完整的，因此查詢時也就不需要像關連式資料庫一樣，需要先從多個資料表中連結各片段資料。MongoDB 把一筆資料稱做是一份文件（document），並且是一份完整的文件。

MongoDB 的資料詮釋並不在資料模型而是回歸到文件本身上。由於 MongoDB 存的是 JSON 格式的資料，JSON 是一種以鍵值（Key-value）配對所組合出來的資料結構，所以對值的詮釋來自於鍵，而不像關連式資料庫值的詮釋是來自於資料庫模型中的欄位。這代表了 MongoDB 讓每份文件各自去詮釋自己所擁有的內容，也就是說，當我們拿到一份文件（也就是資料）後，我們由這份文件中的各個鍵來瞭解這份文件中的值所代表的意思。

由於文件內容的詮釋來自於文件本身，因此兩份完全不一樣的 JSON 資料可以儲存在同一個資料表中，這樣的特性讓資料模型在設計上具有非常大的彈性。從某個角度而言，資料庫本身並不須要先有資料模型才能儲存資料，因為資料模型是在文件裡面而不是在資料庫裡面。舉個例子，有筆資料是某人在圖書館的借書資料，另外一筆是他買東西的購物清單，這兩筆資料若要使用關連式資料庫來儲存，通常要設計多個資料表才行，除非打算違反所有正規化，如果未來還有就醫紀錄、旅遊記錄等其餘格式的資料要存，就還需要再增加其他資料表。但使用 MongoDB 則只要一個資料表就可以了，因為這兩筆資料對資料表而言就只是兩份 JSON 文件而已，放在一起沒有什麼問題。

在一般的關連式資料庫中要存一整份 JSON 文件雖然也可以，只是在查詢時無法針對 JSON 中的鍵進行條件化查詢，只能將整筆資料取出後再進行 JSON 解析，資料量大的時候查詢效率變的很差。MongoDB 是專門用來處理 JSON 文件的資料庫，因此可以進行各種條件化查詢，並且也支援各種類型的索引，包含了地理座標索引。透過適當的索引設定，不會因為資料量變大而導致查詢效率低落。MongoDB 官方也提供了雲端資料庫服務，稱為 Atlas，免費帳號就可擁有基本的儲存容量，對於學習或是少量資料儲存是一項不錯的服務，可以省下伺服器維運費用。

目前 MongoDB 支援各種主流程式語言，例如 C、C++、C#、Go、Java、Node.js、PHP、Python、Swift、Ruby…等，這些語言所使用的 MongoDB 驅動程式是官方直接支援的，所以在版本更新、執行效率與錯誤修正這些重大問題上，應該都不太需要開發者去煩惱。

1-2-1 JSON 與 BSON

能夠儲存進 MongoDB 的資料格式為 JSON 字串，MongoDB 內部會將 JSON 轉成 BSON（發音為/ˈbiːsən/），資料取出時會再轉成 JSON，我們來瞭解一下兩者的差異。根據 JSON 的語法定義（https://www.json.org），JSON 字串中每個 key 所對映的 value 可以放置七種內容，如下圖。

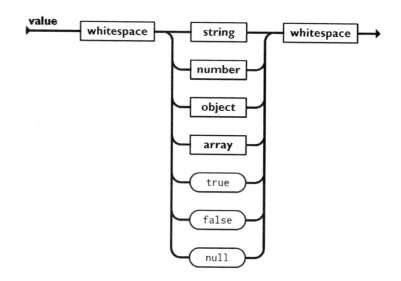

從圖中可知，JSON 的資料型態有字串、數字、物件（另一段 JSON 字串）、陣列、布林與 null。若只有這幾種型態對於資料庫而言當然略顯單薄，例如最常見的日期時間，若是以 JSON 來表示時幾乎都是使用「2022/3/2 21:32:56」這樣的字串，但是當資料庫要查詢某個時間範圍的資料時，用字串表示的時間日期就會形成問題。因此，資料庫需要一個真正的日期型態，可以對內容做加減運算，也可以快速取出年份或月份。

BSON 對 JSON 做了兩項改進：一、提供更多的資料型態，例如在 JSON 的 number 型態就再細分成 double、int(32bit)、long(64bit) 與 decimal；

二、將 JSON 由 text 格式轉成 binary 格式，這樣做除了可以加快文件解析速度外，也可以儲存用文字無法表示的資料，例如日期物件。目前 BSON 支援的型態約二十個左右，請見 MongoDB 官網：https://docs.mongodb.com/manual/reference/bson-types/，其中有幾個特別的型態值得說明，如下。

ObjectId

MongoDB 會為每一筆資料自動加上「_id」這個欄位，預設的內容為 ObjectId。ObjectId 為 12 bytes 的資料，轉成 JSON 後會以 16 進位的字串型式呈現，例如 619d9ca00876cd4005f5d04a。ObjectId 由 ObjectId() 函數產生，其中前 4 個 bytes 為 ObjectId 產生時的時間，格式為 timestamp，內容符合 UNIX epoch time 規定，也就是從 1970/1/1 0:0:0 開始的 UTC 時間至今經過的秒數。中間 5 個 bytes 為隨機產生的數字。最後三個 bytes 為一個數字遞升的計數器，初始值也是隨機產生。雖然 MongoDB 並未保證透過 ObjectId() 函數產生的值是唯一的，在非常少的情況下兩個同步行程有可能會產生一樣的值，但最終只會有一個值存進資料庫，另外一個重複的會在儲存時產生 error。換句話說，對同一個資料表而言，每筆資料的 ObjectId 保證不重複。

使用 MongoDB shell 連進 server 後執行 ObjectId() 指令試試看，如下。這部分操作可以等熟悉 MongoDB 基本操作後再來，這裡先有個概念即可。

```
$ mongosh
test> ObjectId()
ObjectId("619daa22a83c98c4b6031a16")
```

由於 ObjectId 包含了當時產生的時間，所以我們可以透過 getTimestamp() 函數取得其中的時間資訊，如下。

```
test> ObjectId().getTimestamp()
ISODate("2021-11-24T03:00:13.000Z")
```

Timestamp

BSON 的 Timestamp 型態與常見的時間戳記有些不同，它具有 64 bit
資料，前 32 bit 為標準的 UNIX epoch time（這部分是常見的時間戳記）
單位是秒，後 32 bit 是遞增的流水號。主要在內部資料同步時使用，
例如複寫集。如果是我們自己的資料中要記錄時間，使用 Date 型態就
可以了。

Date

Date 為 64bit 整數，儲存日期與時間，單位為毫秒（milliseconds），
遵循 UNIX epoch time 規則，起始時間為西元 1970 年 0 時 0 分 0 秒 0
毫秒。BSON 的 Date 為有號整數，因此如果為負值，代表年份為 1970
年之前。在 mongosh 中輸入 new Date() 試試看，顯示時會以人類看得
懂的形式輸出，注意時區為 UTC。

```
test> new Date()
ISODate("2021-11-24T03:21:37.759Z")
```

我們可以使用 toString()函數轉成字串，此時顯示的時間就會轉成本地
時間了。

```
test> (new Date()).toString()
Wed Nov 24 2021 11:21:46 GMT+0800 (台北標準時間)
```

其他日期時間處理，請參考第 6 章。

1-2-2 文件與相關名詞對照

MongoDB 儲存的資料稱為文件，也就是以左大括號開始右大括號結束的一個 JSON 字串，如下表左邊。但有時透過一個 Web Service 取得的 JSON 字串常以左中括號開始右中括號結束，這也是一個標準的 JSON 字串，如下表右邊。對映到資料結構時，左邊的 JSON 會對映到字典，右邊的 JSON 則對映到陣列。MongoDB 的一份文件指的是字典，若是陣列則表示多份文件。以下表為例，左邊的字串存進資料庫後，資料庫多了一筆資料，右邊的字串存進資料庫後，資料庫多了兩筆資料。

一份文件	兩份文件
```{ "name": "王大明", "department": "資訊系", "grade": 1 }```	```[{ "name": "王大明", "department": "資訊系", "grade": 1 }, { "name": "朱小妹", "department": "電子系", "grade": 2 }]```

子文件定義

若 JSON 文件中某個值的內容是左大括號開始右大括號結束的一個 JSON 字串，這時這個 JSON 字串就稱為子文件，例如下面這份文件中的 phone 欄位，其內容就是子文件。

```
{
    "name": "David",
    "phone": {
```

```
        "mobile": "0937-111111",
        "home": "02-12345678",
        "office": "03-1234567"
    }
}
```

陣列內容也可以是子文件，例如下面這個 JSON 字串中的 course 內容是陣列，陣列中的每個元素都是一份子文件。

```
{
    "name": "David",
    "course": [
        { "title": "生物", "score": 80 },
        { "title": "物理", "score": 70 }
    ]
}
```

MongoDB 中將許多份文件存放在一起的地方稱為 collection（聚集），在關連式資料庫稱為 table（資料表），原則上我們要將 collection 稱為資料表也可以，聚集與資料表是一樣的概念，在本書中大部分時候會使用資料表這個名詞。

文本式資料庫與關連式資料庫本質上大同小異，因此很多概念可以互相對映。下表將 MongoDB 中幾個名詞跟關連式資料庫作個比對，讓熟悉關連式資料庫的讀者，可以快速掌握 MongoDB 所使用的名詞。

關連式資料庫	MongoDB	中文翻譯
database	database	資料庫
table	collection	聚集或資料表
row	document	文件或資料
column	field	欄位或鍵名
primary key	_id	主鍵或主索引
view	view	視觀表

MongoDB 將資料（文件）放在資料表中，資料表放在資料庫中，欄位（field）指的是 JSON 中的鍵（key）。儲存在資料表中的每筆資料都包含了 _id 欄位，這是 MongoDB 自動加上去的，相當於關連式資料庫的主鍵。MongoDB 也有視觀表（view），可以將一些複雜的查詢建立成 view，方便日後使用。

1-3 本書目標

本書以帶領讀者熟悉 MongoDB 操作為主要目的，內容難易度為入門至中階。選擇 Python 程式語言來存取資料，這個選擇的主要考量是為了跟物聯網、計算機視覺、大數據分析等大量使用 Python 語言的領域接軌。

一般來說，我們並不需要先學會關連式資料庫才能學 MongoDB，當然有關連式資料庫基礎對學習 MongoDB 多少有些幫助，但如果沒有也沒關係，文本式資料庫並不需要太多專業的資料庫理論基礎，我們就把 MongoDB 當成可以快速又方便存取 JSON 字串的工具即可。

安裝與啟動

2-1 下載

MongoDB 目前可安裝在 Windows、macOS 與 Linux 這三大主流作業系統中，安裝方式可以使用 zip 解壓縮後手動安裝，或是使用套件管理軟體安裝。不論是哪一種安裝方式，之後都需要在命令提示字元（Windows）或是終端機（macOS 與 Linux）中輸入各種操作指令，對不習慣指令操作的讀者可能會是一點挑戰。但目前 MongoDB 還是一個以指令操作為主的資料庫系統，請大家花點時間習慣它的操作方式。

需要下載的程式可以在 MongoDB 官方網站找到，請先連至 MongoDB 的官網 https://mongodb.com，在選單 Products 中找到 Community Server 選項，所需要的軟體都在這個頁面中。

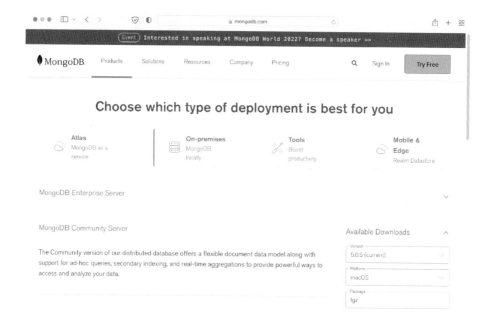

2-2 在 Windows 安裝 Server

MongoDB server 在 Windows 作業系統中有兩種安裝方式，一種是下載 msi 安裝檔，下載後執行。安裝過程中留意一下安裝路徑，之後需要手動將這個路徑加到環境變數 Path 中，各選項就維持預設值，不需要修改。安裝完成後，預設的執行檔應該會放在下面這個路徑，請將它加到環境變數 Path 中。

```
C:\Program Files\MongoDB\Server\[版本]\bin\
```

若不知道環境變數在哪裡設定的話，Windows 選單拉起來後直接輸入「環境變數」四字，Windows 會幫我們找到設定的程式，點選執行後開啟環境變數設定視窗。

MongoDB 的安裝路徑新增到 Path 後，就可以按確定將環境變數設定的所有視窗關掉。此外，Windows 系統服務中會增加一筆 MongoDB 項目，建議先將這個服務停掉，除非您已經準備將 MongoDB 正式上線使用。若找不到服務的設定視窗，一樣將 Windows 選單拉起來後輸入「服務」兩字，然後找到 MongoDB 項目，停止這個服務並且順便改為手動啟動，以免重開機後 MongoDB server 會自動啟動。

Windows 除了使用 msi 檔安裝外，另外一種安裝方式是從官網下載 zip 檔，解開後將 bin 資料夾放到任何喜歡的位置，然後將 bin 所在的路徑加到環境變數 Path 中，這樣就安裝完畢了。用 zip 檔安裝方式很方便，但這種作法並不會變成系統服務。如果您用的是 zip 檔安裝，並且未來要讓 MongoDB 變成服務後正式上線，到時重新用 msi 方式安裝一次即可，這會比下指令產生 MongoDB 服務來得容易。

若要確認環境變數是否設定成功，請開啟命令提示字元。開啟方式可在 Windows 選單拉起來後輸入「cmd」。命令提示字元視窗開啟後再輸入 mongo 指令，這時會進入 MongoDB shell 環境，如果在第一行看到 MongoDB 版本編號就代表相關的安裝與設定都沒問題了。

```
C:\> mongo
MongoDB shell version v5.0.5
…
```

要離開 MongoDB shell，輸入「quit()」即可。

2-3 在 Mac 與 Linux 安裝 Server

在 MongoDB 官網下載 macOS 或 Linux 的 zip 檔後解壓縮到適當的目錄下，解壓縮後將 bin 資料夾加到環境變數 PATH 中。如果您對 macOS 或 Linux 的目錄結構尚不熟悉的話，就放到家目錄或桌面即可。

目前大部分 Linux 使用的 shell 是 bash，因此環境變數 PATH 的設定需編輯家目錄下的.bashrc 檔案。若是 macOS，要先確認使用的 shell 是 bash 還是 zsh。確認方式是開啟終端機程式，然後輸入「echo $SHELL」，若使用的是 bash，編輯家目錄下的.bashrc，若是 zsh，則編輯家目錄下的 .zprofile。在 .bashrc 或 .zprofile 檔案中加入下面這一行，注意大小寫。

```
export  PATH="$HOME/mongodb/bin:$PATH"
```

編輯完畢後，重開終端機輸入 mongo 指令，如果在第一行看到 MongoDB 版本，而不是出現找不到指令的錯誤訊息就代表成功了。第一個字元「$」代表的是系統提示符號，不同的作業系統有不同的提示符號，真正指令為 mongo，請讀者不要連「$」符號一起當成指令打進終端機視窗中。

```
$ mongo
MongoDB shell version v5.0.5
…
```

離開 MongoDB shell 環境，輸入「quit()」就可以離開了。

macOS 與 Linux 也可以使用套件軟體安裝，例如 brew、yum、apt，如果對這些管理套件不熟悉的讀者，建議還是下載 zip 回來解壓縮比較容易一些。如果您使用了套件安裝軟體安裝了 MongoDB server，請先下指令停止 server 運作，我們之後需要使用手動啟動的方式啟動 server。如果想要使用套件管理系統來安裝的讀者，請參考 MongoDB 官網說明，網址為：https://docs.mongodb.com/manual/installation/。

2-4 安裝其他重要軟體

除了 MongoDB server 外，還有其他重要的工具軟體需要安裝。請在 MongoDB 下載 server 的同一個網頁上點選「Tools」按鈕，我們需要安裝的軟體有三個：Shell、Compass 與 Database Tools。

Compass 是 MongoDB 官方提供的圖形化管理介面，透過這個圖形化管理介面可以讓我們不需要事事都下指令，可節省一些下指令的時間，這是一套必裝的管理軟體。Linux 與 macOS 讀者請根據作業系統下載最新版安裝檔後安裝即可。Windows 的讀者，如果您的 server 是以 msi

檔安裝的，安裝完就已經包含 Compass，若是以 zip 檔安裝的，就需要從官網下載 Compass 安裝檔安裝。由於 Compass 是視窗軟體，所以不管是安裝在哪一套作業系統上，請您找到 Compass 圖示，是一片綠色的葉子，這也是 MongoDB 的 Logo。

MongoDB shell 是文字介面管理軟體。雖然安裝完 MongoDB server 後，bin 資料夾裡已經包含了一個 MongoDB shell，檔案為 mongo（Windows 系統為 mongo.exe），這個是舊版的 MongoDB shell，雖然一樣可以使用，但是畫面輸出較為陽春，也沒有關鍵字高亮度顯示，並且有些新的操作指令也不支援，因此我們需要下載新版的 mongosh。Linux 與 macOS 讀者下載的是 zip 檔，解開後將 bin 資料夾中所有檔案移到 MongoDB server 所在的 bin 資料夾中即可。Windows 讀者若下載 msi 檔，請直接執行，安裝後的路徑已經在環境變數 Path 中，所以不需要重新設定 Path。若 Windows 讀者是下載 zip 檔，解開後將 bin 資料夾中所有檔案移到 MongoDB server 安裝路徑中的 bin 資料夾就可以了。

開啟終端機或命令提示字元，執行 mongosh 指令看看，如看到類似下圖的畫面，就代表新版的 MongoDB shell 已經安裝成功了。

```
● ● ● 🖥 ckk — mongosh mongodb://127.0.0.1:27017/?directConnection=true&serverSelectionTimeoutMS=200...
ckk@frontier ~ % mongosh
Current Mongosh Log ID: 61cd1b48911ce2257d28ef16
Connecting to:          mongodb://127.0.0.1:27017/?directConnection=true&serverSe
lectionTimeoutMS=2000
Using MongoDB:          5.0.5
Using Mongosh:          1.1.2

For mongosh info see: https://docs.mongodb.com/mongodb-shell/


------
   The server generated these startup warnings when booting:
   2021-12-30T10:35:08.588+08:00: Access control is not enabled for the database.
 Read and write access to data and configuration is unrestricted
   2021-12-30T10:35:08.588+08:00: This server is bound to localhost. Remote syste
ms will be unable to connect to this server. Start the server with --bind_ip <add
ress> to specify which IP addresses it should serve responses from, or with --bin
d_ip_all to bind to all interfaces. If this behavior is desired, start the server
 with --bind_ip 127.0.0.1 to disable this warning
   2021-12-30T10:35:08.588+08:00: Soft rlimits for open file descriptors too low
------

test>
```

最後要安裝的是 Database Tools，這裡面包含了備份還原、GridFS 存取等重要軟體，這部分也是非裝不可。不論是 Window、macOS 或 Linux 讀者，若您是下載 zip 檔，解壓縮後將 bin 資料夾內的所有檔案複製到 MongoDB server 安裝路徑的 bin 資料中。Window 讀者若您下載的是 msi 檔，安裝過程中請特別留意安裝路徑，安裝完後必須將這個路徑再加到環境變數 Path 中。

2-5 PyMongo 函數庫安裝

PyMongo 為 MongoDB 官方提供的 Python 函數庫，只支援 Python3。請先確認目前電腦中的 Python 版本。這裡的流程比較麻煩，由於有些作業系統裡面已經內建了 Python，所以請務必確認好 Python 版本才能下對指令。

開啟終端機或命令提示字元，輸入 python --version，如果看到 2.x.x，代表電腦中已經安裝了 Python2；若是看到 3.x.x 代表目前電腦中的

python 指令對映的是 Python3。如果 python 指令對映的是 Python2，需再執行 python3 --version，確認電腦中是否安裝了 Python3。只要 python 或 python3 這兩個指令有任何一個可以看到 3.x.x 版本即可，但要記得您是執行 python 還是 python3 這兩個指令中的哪一個才會看到 3.x.x 訊息。

由於電腦中一定要有 Python3 的版本，所以沒有安裝 Python3 的讀者，請至 Python 官網（https://www.python.org）下載 Python3 安裝。Windows 讀者必須在安裝畫面一開始下方有個核取方塊，意思是將 Python 的安裝路徑加到環境變數 Path 中，預設沒有勾，請務必勾選起來，否則您要手動將安裝路徑加到 Path 中，要勾選的畫面如下圖，注意這是 Windows 讀者才會看到的畫面。

Python3 安裝完成後，重新開啟終端機或命令提示字元，再用 python --version 或 python3 --version 指令確認一次 3.x.x 版本使用的指令是 python 還是 python3。接下來就可以安裝 PyMongo 函數庫了。

PyMongo 安裝方式是使用 pip 指令，若您電腦中的 python 指令對映的是 Python 3.x.x，這時安裝 PyMongo 函數庫指令如下，各作業系統都一樣。

```
$ pip  install  pymongo
$ pip  install  "pymongo[srv]"
```

若您電腦中的 Python 3.x.x 版本是需要執行 python3 指令，PyMongo 函數庫的安裝指令如下，其實就是將 pip 改為 pip3，各作業系統都一樣。

```
$ pip3  install  pymongo
$ pip3  install  "pymongo[srv]"
```

上述兩套函數庫中的第二套 pymongo[srv] 也是 MongoDB 官方發佈的，提供 Python 程式連線至 Atlas（MongoDB 的雲端資料庫）能力，請一併安裝。安裝完畢後執行下列指令確認是否安裝成功，如果沒有看到任何錯誤訊息，就代表函數庫安裝成功了。

```
$ python  -c  "import  pymongo"
```

或

```
$ python3  -c  "import  pymongo"
```

PyMongo 函數庫的線上說明文件，網址為：https://pymongo.readthedocs.io/en/stable/。

2-6 啟動 Server

如果您是使用套件管理系統安裝的 MongoDB server，包含在 Windows 上使用 msi 安裝檔的讀者，安裝完畢後系統會自動啟動 server，請務必先停掉目前已啟動的 server。這裡我們要學會如何手動啟動，否則之後複寫與分片這兩個單元會在設定上遭遇困難。

手動啟動 MongoDB server 前必須先建立資料儲存位置，MongoDB 預設的儲存位置與資料夾名稱在 macOS 與 Linux 上為/data/db，Windows 為 C:\data\db。如果資料放在預設的路徑下，MongoDB server 啟動時不需要加參數即可啟動。但有些作業系統因使用者權限問題並不允許在根目錄建立資料夾，這時我們可以將資料夾建立在任何有權限存取的位置，資料夾名稱也可以自訂，例如放在桌面，這時只要在 server 啟動時加上「--dbpath」參數就可以了。

現在我們開啟終端機或命令提示字元，開啟後所在的目錄稱為家目錄，我們在這裡建立 data/db 資料夾。Linux 或 macOS 讀者請執行「mkdir -p data/db」，Windows 讀者請執行「mkdir data\db」。當然您要透過檔案管理員這類的視窗介面來建立資料夾也可以，但最後您還是需要開啟終端機或命令提示字元來輸入啟動 server 的指令。資料夾建立完成後，輸入下面指令啟動 server。「$」表示系統提示字元，Windows 讀者會看到「C:\>」，請讀者留意這個符號不是指令一部份，真正指令從 mongod 開始。Windows 讀者在目錄分隔字元地方使用「/」或「\」都可以。

```
$ mongod --dbpath data/db
```

MongoDB server 預設的埠號為 27017，如果要換成別的埠號，啟動時加上「--port」參數，例如：

```
$ mongod --dbpath data/db --port 12345
```

若 server 順利啟動，這時因為在前景執行，所以終端機或命令提示字元的系統控制權會被 server 佔住，我們無法在這個視窗中再下指令，所以不要關掉 server 執行中的視窗，關掉就相當於關掉 server 了。

若要在背景執行 server，Windows 讀者直接透過系統服務啟動即可；macOS 與 Linux 讀者，啟動時加上「--fork」以及設定「--logpath」參數，其中 log 資料夾必須先建立，否則 server 啟動會失敗。

```
$ mongod --fork --dbpath data/db --logpath data/log/mongo.log
```

除非您打算正式上線使用了，不然我們不需要讓 MongoDB server 在背景執行。現在讓 server 維持在前景執行有個好處，就是方便我們即時觀察一些系統訊息。除此之外，macOS 與 Linux 要讓 server 變成系統服務，並不是讓一支程式在背景執行就可以，還有很多作業系統層級的設定要做，否則重開機之後，server 也不會自動執行。總而言之，目前我們讓 server 在前景執行。

Server 啟動後，預設只能接受本地端連線，也就是客戶端與伺服端必須在同一部電腦上，若希望能夠接收遠端連線，需要加上 --bind_ip_all 參數。

```
$ mongod --dbpath data/db --bind_ip_all
```

2-7 停止 Server

要停掉 server 執行必須按照正常程序，不能直接強制停掉工作中的 server，像是把 server 所在的終端機或命令提示字元直接按「x」關掉，或是 server 還沒停掉就將電腦關機，因為此時很多資料都還在記憶體中，這樣做很容易造成資料損毀。

在 macOS 或 Linux 上，若 server 在前景執行時可以使用 Ctrl + C 熱鍵讓 server 進入關機程序，等一段時間後就可以看到 server 停掉了。若是在背景執行或是在 Windows 上執行的 server，必須開啟另外一個終端機或命令提示字元，然後使用 MongoDB shell 連進 server 後下關機

指令。指令為在 admin 資料庫中呼叫 shudtownServer() 函數，完整內容
如下。

```
$ mongosh
test> use admin
switched to db admin
admin> db.shutdownServer()
```

由於在 Windows 中並沒有 Ctrl + C 熱鍵可以讓 server 關機，逼不得已
需要強制停掉 server 時，可以在另外一個命令提示字元下 taskkill 指令
踢除 mongod，這個指令相當於 macOS 或 Linux 的 pkill 指令。注意這
個指令純粹是不想關掉命令提示字元後重開命令提示字元的權宜之
計，下這個指令並不是正常的停掉 MongoDB server，所以當我們還能
操作 server 時，請不要下這個指令。

```
C:\> taskkill /IM mongod.exe /F
```

2-8 設定檔

Server 啟動時可以下的參數非常多，為了管理方便起見，我們可以將這
些參數集合起來放到參數檔裡，建議檔名為 mongod.conf，這樣 server
啟動時只要設定一個參數 --config 或 -f 即可，如下。

```
$ mongod --config mongod.conf
$ mongod -f mongod.conf
```

若是以套件管理軟體安裝的 MongoDB server，這個設定檔已經存在
於系統中，以 Windows 為例，mongod.conf 放在 C:\Program Files\
MongoDB\Server\5.0\bin 資料夾中。若是 zip 檔安裝的讀者，這個檔案
需要自己建立。

我們可以先使用下面這個簡單的設定檔為範本，記得修改一下資料路徑。設定檔中的註解使用「#」號，例如，如果不需要將訊息寫入 log 檔，可以將整個 systemLog 區段註解起來。

```
processManagement:
  fork: false
net:
  bindIp: localhost
  port: 27017
storage:
  dbPath: /data/db
systemLog:
  destination: file
  path: "/var/log/mongod.log"
  logAppend: true
storage:
  journal:
    enabled: true
```

其他各種參數設定，請參考 MongoDB 官網文件，網址如下：

https://docs.mongodb.com/manual/reference/configuration-options/

快速總結一下。想要啟動 MongoDB server，最基本的參數如下。

```
$ mongod --dbpath data/db
```

使用 shell 連線進 server 後下指令，請執行新版的 mongosh，指令如下。

```
$ mongosh
```

資料存取

3-1 新增資料

資料存取是對資料庫進行新增資料、查詢資料、修改資料與刪除資料這四項操作。由於一開始資料庫是空的，因此這個章節會先從新增資料開始，待資料庫有了資料後，才能開始說明各種查詢技巧、修改資料與刪除資料等指令。

MongoDB 除了提供 MongoDB shell 的文字管理介面外，也提供了 Compass 圖形管理介面，在這兩種介面上都可以下指令或是圖形化操作來完成資料的增刪修查，只是這兩種方式適合處理小量的資料。如果新增或異動一兩筆資料時，下個指令當然會比寫支程式來得快，但是大量資料異動或是一個上線的正式系統，還是要靠寫程式才行。MongoDB 支援多種主流程式語言，這裡挑選 Python 作為範例。

MongoDB 不需要事先規劃資料庫模型，當要新增資料但資料庫與資料表都不存在時，MongoDB 會自動建立，所以並不需要像關連式資料庫要先從設計資料表與欄位開始。當 MongoDB server 執行起來後，我們要做的事情就是把符合 JSON 格式的資料下指令送進資料庫去就好了。

3-1-1 使用 MongoDB Shell 新增資料

新增資料時，簡單的內容可以在 MongoDB shell 中下新增指令即可。開啟命令提示字元或終端機，執行 mongosh 指令，這是新版的 MongoDB shell（舊版為 mongo），若還沒安裝的讀者請先安裝。執行後預設的資料庫是 test 資料庫，可由 shell 的提示符號知道目前的資料庫為何，如果沒有使用 use 指令切換到別的資料庫時，新增的資料都會儲存在 test 資料庫裡面。

```
$ mongosh
test>
```

新增資料的函數名稱為 insertOne() 與 insertMany()，前者一次新增一筆資料，後者一次新增多筆資料，函數中的參數格式為 JSON 字串。雖然標準 JSON 中 key 前後的引號必須為雙引號，但在 MongoDB shell 中單引號、雙引號或者不加都可以，當然在 value 部分，字串前後還是要加引號的，單引號或雙引號都可以。新增下面這筆資料試試。

```
# MongoDB shell
test> db.weather.insertOne({
    humidity: 68,
    temperature: 26,
    date: '2022/3/1 6:0:0'
})
```

指令中的保留字 db 代表目前選擇的資料庫，也就是 test，一定要用 db 這個名字，不可換成其他名字。中間的 weather 代表的是資料表（亦即

collection），名稱可任意自訂。這筆資料有三個欄位，分別是 humidity、temperature 與 date，欄位名稱前後的雙引號都省略了。

新增指令執行後 MongoDB 會回應訊息，看到 acknowledged 為 true 代表資料已經成功儲存至資料庫，另外還可以看到這筆新增的資料會得到一個預設的文件編號，內容是一個 ObjectId 型態。

```
# Output
{
    "acknowledged" : true,
    "insertedId" : ObjectId("61d7ac7f6cd075cd817d7a76")
}
```

新增完之後當然要下個指令查查看，確認這筆資料是否真的儲存在資料庫了。查詢使用的函數是 find()，這裡先簡單查詢一下，其他各種查詢技巧等下一節會詳細說明。

```
# MongoDB shell
test> db.weather.find()
# Output
[
  {
    _id: ObjectId("61d7ac7f6cd075cd817d7a76"),
    humidity: 68,
    temperature: 26,
    date: '2022/3/1 6:0:0'
  }
]
```

從回傳結果可以看到，剛剛新增的資料中多了一個 _id 欄位，其內容就是新增資料後在回傳訊息中看到的 ObjectId，MongoDB 會自動為每一筆資料加上 _id 欄位作為文件編號，內容可以自訂但無法刪除，預設值是 ObjectId。

插入多筆資料使用 insertMany() 函數，參數為 JSON 的陣列型態，如下。

```
# MongoDB shell
test> db.weather.insertMany([
  {
    humidity: 65,
    temperature: 26,
    date: '2022/3/1 7:0:0'
  },
  {
    humidity: 65,
    temperature: 27,
    date: '2022/3/1 8:0:0'
  }
])
```

離開 MongoDB shell 環境可以輸入「exit」、「quit()」或 Ctrl-C、Ctrl-D 熱鍵，但熱鍵僅能在 macOS 與 Linux 作業系統中使用。

3-1-2 使用 Python 新增資料

下面的 Python 程式碼執行結果與上一節在 MongoDB shell 中下指令新增資料的結果完全一樣。

```
# Python 程式
import pymongo

client = pymongo.MongoClient()
db = client.test

db.weather.insert_one({
    'humidity': 68,
    'temperature': 26,
    'date': '2022/3/1 6:0:0'
})

db.weather.insert_many([
```

```
  {
    'humidity': 65,
    'temperature': 26,
    'date': '2022/3/1 7:0:0'
  },
  {
    humidity: 65,
    temperature: 27,
    date: '2022/3/1 8:0:0'
  }
])
```

程式碼中的 pymongo.MongoClient() 負責與 server 端連線，預設的連線
參數是 'localhost:27017'，所以沒有加連線參數的話就是連到本機的資
料庫。使用 client.test 代表要選擇 test 資料庫，選擇好資料庫後呼叫
insert_one() 與 insert_many() 新增一筆與多筆資料。

另外，client.test 也可以寫成 client['test']，db.weather 也可以寫成
db['wheather']，使用這種方式就可以將資料庫或資料表名稱設定成變
數，方便隨時切換而不用修改程式碼，如下。

```
# Python 程式
import pymongo

client = pymongo.MongoClient('localhost:27017')
db = client['test']

db['weather'].insert_one({
    'humidity': 68,
    'temperature': 26,
    'date': '2022/3/1 6:0:0'
})
```

想要知道 insert_one() 或 insert_many() 的執行結果是成功還是失敗，可
以透過傳回值的 acknowledged 屬性判斷，並且透過 inserted_id 屬性取
得該筆資料的 _id 欄位內容，預設為 ObjectId。

```
# Python 程式
result = db.weather.insert_one({ … })

if result.acknowledged:
    print(result.inserted_id)
else:
    print('error')
```

如果 insert_many() 一次新增多筆資料,每筆資料的 _id 值會放在傳回值的 inserted_ids 屬性中,該屬性為陣列型態。

```
# Python 程式
result = db.weather.insert_many([
    { … },
    { … }
])

if result.acknowledged:
    print(result.inserted_ids)
else:
    print('error')
```

與 MongoDB server 建立連線後如要關閉連線,可以呼叫 client 變數的 close() 函數即可。一般來說可以不用呼叫,程式結束後連線會自動斷掉,資源也會跟著釋放。如果我們需要在程式未結束前就中斷連線,這時就需要主動呼叫 close() 了。

3-1-3 使用 Compass 查看與新增資料

若電腦安裝了 Compass 圖形管理介面,我們也可以透過這個軟體來查看 MongoDB 中的資料。當要連線的 MongoDB server 是在本機且連接埠是預設的 27017 時,開啟 Compass 後不需要輸入連線資訊,直接按 Connect 即可連線。

接下來左邊選單位置選擇要操作的資料庫，這裡選擇 test 再選擇 weather 就可以看到之前不論是透過 MongoDB shell 還是 Python 程式輸入的資料了。另外 admin、config 與 local 都是系統使用的，現在先不用管它們。

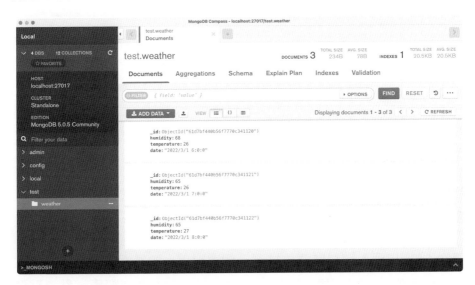

資料存取

輸入要新增的資料

除了透過 MongoDB shell 或 Python 程式新增資料外,也可以透過 Compass 新增資料。在 Compass 中按下「ADD DATA」按鈕後選擇 Insert Document 來新增資料。

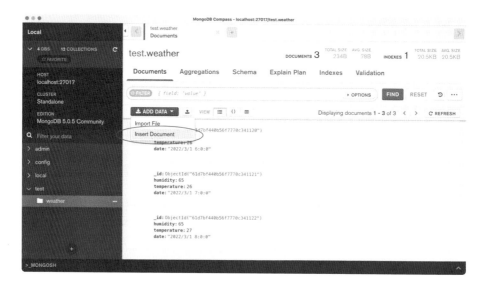

新增資料時可以選擇 JSON 介面或是表單介面,右圖是表單介面。

從 CSV 檔案匯入資料

要從 CSV 檔匯入資料時要先挑選一個資料表,如果沒有適合的就要建立一個新的資料表。建立資料表的方式是左側點選資料庫,然後點選

「CREATE COLLECTION」按鈕。如果連資料庫都要新增，點選左下角的「＋」號。

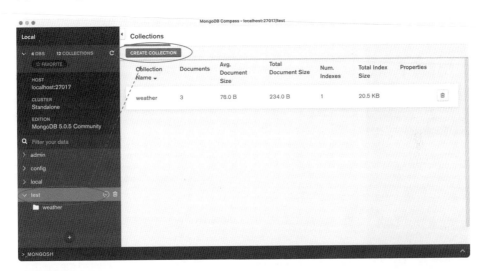

然後輸入資料表名稱，下面三個設定資料表特性的選項都不用勾，維持預設即可。

資料表建立後點選建立的資料表後再點選「ADD DATA」,選擇「Import File」後選擇 CSV,接下來就可以選擇要匯入的檔案了。

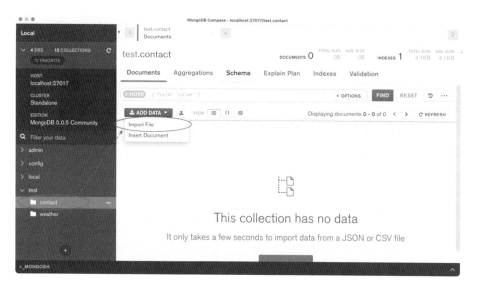

若手邊沒有 CSV 格式的檔案，可以從政府資料開放平臺上任意挑選一個，或是開啟 Excel 後輸入一些資料並另存新檔為 CSV 格式即可。

3-1-4 _id 欄位

當資料儲存至 MongoDB 後，每一筆資料會自動多一個 _id 欄位，內容可以自訂但欄位不能刪除，並且同一資料表中各資料的 _id 也不能重複，因此這個欄位相當於關連式資料庫的主鍵（Primary Key）。所以希望資料中不會出現重複的值就可以放到_id 欄位，例如員工編號、學生學號、身份證字號...等。

若輸入的資料沒有自行指定_id 欄位內容時，MongoDB 會使用 ObjectId() 函數產生一個 ObjectId 放到_id 中。請看下方程式碼的例子，透過 MongoDB shell 新增兩筆資料，第一筆自訂了_id 欄位內容為 email 信箱，第二筆沒有指定，因此預設值是 ObjectId。

```
# MongoDB shell
test> db.test.insertOne({ _id: 'a01@mail.com', name: 'Tom' })
# Output
{
  acknowledged: true,
  insertedId: 'a01@mail.com'
}

test> db.test.insertOne({ name: 'Emma' })
# Output
{
  acknowledged: true,
  insertedId: ObjectId("61ba9483b9ec03bae864b56b")
}
```

將這兩筆資料列出時，可以看到 _id 內容在兩筆資料中是不一樣的。

```
# MongoDB shell
test> db.test.find()
# Output
[
  { _id: 'a01@mail.com', name: 'Tom' },
  { _id: ObjectId("61ba9483b9ec03bae864b56b"), name: 'Emma' }
]
```

除了純量型態的內容（單一一個不可分割的值）外，_id 也接受字典型態，如下。但是 _id 不接受陣列型態值，如果指定一個陣列型態會得到錯誤訊息。

```
# MongoDB shell
test> db.test.insertOne({ _id: {x: 1, y: 3}, name: 'David' })
```

新增資料時如果輸入 _id 的值已經存在與同一資料表中，會得到資料重複的錯誤訊息。

```
# MongoDB shell
test> db.test.insertOne({ _id: 100, name: 'Tom' })
# Output
MongoServerError: E11000 duplicate key error collection: test.test index:
_id_ dup key: { _id: 100 }
```

若 _id 填入 null，MongoDB 會自動改為 ObjectId，因此該筆資料還是會存進資料庫，只是_id 欄位內容會變成 ObjectId。

```
# MongoDB shell
test> db.test.insertOne({ _id: null, name: 'David' })
{
  acknowledged: true,
  insertedId: ObjectId("61c1c441bdf5c95823dc36a2")
}
```

3-1-5 儲存不同結構資料

MongoDB 允許同一個資料表中的每筆資料 JSON 格式可以完全不同，資料表並未限制儲存的資料 JSON 結構必須要一模一樣，例如下面兩筆完全不同格式的資料完全可以放在同一個資料表中，不會產生任何問題。

```python
# Python 程式
import pymongo

client = pymongo.MongoClient()
db = client.test

db.data.insert_one({ 'name': 'Emma','age': 32 })
db.data.insert_one({ 'product': 'computer', 'year': '2022', 'price':
40000 })
```

3-1-6 儲存政府開放資料平臺上的資料

經過前面的簡單操作，我們應該學會了如何在資料庫中新增資料。為了下一節說明各種資料查詢技巧，需要先在資料庫中輸入多一點資料。需要的資料來源為政府資料開放平臺每小時更新一次的空氣品質指標（AQI），目前網址為 https://data.gov.tw/dataset/40448。也可在政府開放資料平臺首頁 https://data.gov.tw 搜尋關鍵字 aqi，找到每小時更新一次的空氣品質指標，如下圖。

空氣品質指標(AQI)   [JSON] [CSV]

每小時提供各測站之空氣品質指標（AQI），原始資料版本公告於空氣品質監測網https://airtw.epa.gov.tw

主要欄位說明: SiteName(測站名稱)、County(縣市)、AQI(空氣品質指標)、Pollutant(空氣污染指標物)、Status(狀態)、SO2(二氧化硫(ppb)(...詳內)

👤 🏛 行政院環境保護署 🕐 2022-03-04 01:04:01 更新 👁 113437 ⬇ 64001 💬 45

從 AQI 空氣品質指標（跟 AQI 有關的資料很多，注意是每小時更新一次的，不要找到其他的）得到的 JSON 內容應該如下，注意所有的 key 第一個字母都是大寫，也請您特別檢查一下 records 欄位內是否有各監測站的資料，如果 records 欄位內容是空陣列，表示目前的金鑰使用次數太頻繁而被伺服器鎖住，需要等一段時間才會解開。下面列出的內容為 JSON 網址看到的內容，格式美化過了。大部分瀏覽器看到的內容並沒有美化過，若需要看到美化後的 JSON 格式，建議可以安裝 postman 軟體，或是搜尋關鍵字「json beautiful」可以找到許多美化格式的網站。

```json
{
    "sort": "ImportDate desc",
    "include_total": true,
    ...
    "records": [
      {
          "SiteName": "基隆",
          "County": "基隆市",
          "AQI": "31",
          "PM2.5": "10",
          ...
      },
      {
          "SiteName": "汐止",
          "County": "新北市",
          "AQI": "50",
          "PM2.5": "16",
          ...
      },
      ...
    ]
}
```

我們透過簡單的 Python 程式來取得上面的 JSON 內容並儲存至 MongoDB 中，作為下一節查詢需要的資料來源。由於網址可能會變，建議複製政府資料開放平臺上的網址，然後貼到程式碼的 url 變數中即可。

```python
# Python 程式
import urllib.request as urllib
import json
import pymongo


api_key = '9be7b239-557b-4c10-9775-78cadfc555e9'
url = 'https://data.epa.gov.tw/api/v1/aqx_p_432?limit=1000&api_key=' +
api_key + '&format=json'

# 下載 JSON 資料並解析
response = urllib.urlopen(url)
text = response.read().decode('utf-8')
print(text)
text = text.replace('PM2.5', 'PM2_5')
text = text.replace('"AQI": ""', '"AQI": "-1"')
jsonObj = json.loads(text)

# 將資料存進 opendata 資料庫中的 AQI 資料表
client = pymongo.MongoClient()
db = client.opendata
db.AQI.insert_many(jsonObj['records'])
```

這段程式碼有幾點需要特別說明。首先，環保署原始的 AQI 資料中有兩個欄位名稱中包含符號「.」，分別是 PM2.5 與 PM2.5_AVG。在 MongoDB 5.0 以前，欄位名稱是不可以包含「.」與「$」這兩個符號，雖然 5.0 版之後允許這兩個符號出現，但還是有一些問題在，有些查詢會失敗。所以如果發現欄位名稱包含這兩個符號的話，建議轉成別的名稱比較適當。這裡簡單使用全文搜尋取代的方式將 JSON 中所有

PM2.5 字串換成 PM2_5，雖然這樣做並不是換掉鍵名的正規作法，但用在這裡沒有問題。

另外，由於全台灣所有監測站的各項數據會放在 JSON 的 records 欄位下，為了之後方便說明各種查詢技巧，這裡我們只存 records 欄位中的資料而不儲存完整的 JSON，見上述程式碼的最後一行。最後一點，為了在 MongoDB 中呈現原始資料，所以在 Python 中並沒有將各指數由字串型態轉成數字型態後再存進資料庫。在實務應用上，建議可以將資料先轉成未來方便操作的型態再存進資料庫，但這裡我們選擇儲存原始的字串型態。

若您因為某些原因無法從政府資料開放平臺取得最新資料，或者政府開放資料平臺上的 AQI 內容已改成非本書需要的格式，或者在本書下一次改版前政府資料開放平臺的資料格式有所變動，因此這裡也幫大家事先準備好本書所需要的 AQI 資料放在 GitHub 上，網址為 https://github.com/kirkchu/mongodb，您可以在這個網址找到 aqi.json 檔案，點擊後再點選 GitHub 網頁上的「Raw」按鈕，然後將 Python 程式碼中的 url 變數內容換成 GitHub 上的即可。小心確認複製到 Python 程式碼中的網址要與下方列出的一致才是正確的。

https://raw.githubusercontent.com/kirkchu/mongodb/main/aqi.json

執行上面我們寫的 Python 程式，如果沒有任何錯誤產生，您應該可以在 Compass 中看到匯入的資料，約 80 多筆，如下圖所示。如果左側沒看到資料庫名稱 opendata 時，按一下「重整」圖示。

3-2 查詢資料

查詢是一種將資料從伺服端取出然後傳輸到客戶端的過程，在這過程中需要各種系統資源配合，其中記憶體需求與網路頻寬使用是最需要關注的兩項資源。在資源有限的情況下，資料移動的數量自然是越少越好。雖然我們可以將伺服端所有儲存的資料全部交給客戶端程式去處理，但這樣做將耗費過多系統資源，尤其巨量資料不能這樣操作，所以比較好的作法應該是只交給客戶端需要的資料即可。因此，我們要學會使用各種查詢語法與技巧能夠在滿足客戶端需求下最小化查詢結果。

上節末，我們已經透過 Python 程式將每小時更新一次的 AQI 空氣品質指標資料存進資料庫裡面了，接下來我們主要利用這份資料來學會各種查詢技巧。如果資料庫中還沒有準備好這份資料，請先執行上節末的 Python 程式。

3-2-1 查詢所有資料

查詢資料表中的所有資料是最容易的查詢技巧，因為不需要指定查詢條件，所以資料表中有多少資料就會列出多少資料。我們分別來看如何透過 Python 程式以及 MongoDB shell 指令來查詢資料庫資料。

使用 Python 程式

```python
# Python 程式
import pymongo
from pprint import *

client = pymongo.MongoClient()
db = client.opendata
cursor = db.AQI.find()

pprint(list(cursor))
```

查詢資料最重要的函數為 find()，傳回型態為 PyMongo 函數庫中的 Cursor 類別。這個類別可以使用 Python 的 list() 函數轉型為陣列，陣列中的各元素為每份文件，也就是 JSON 字串。因此轉成 Python 陣列後可以使用 print() 將陣列內容印出。但使用 print() 函數印出的 JSON 格式非常難以閱讀，因此建議改使用 Python 內建的 pprint 函數庫中的 pprint() 函數來替代原本的 print()。pprint() 函數在輸出 JSON 格式時會適當的加上換行與縮排，因此閱讀上非常容易。

Cursor 類別支援 Python 的 for 迴圈，所以在實務上我們會經常將 find() 結果放到迴圈中，這樣可以對查詢出來的資料做進一步處理，例如作一些統計分析計算或是將資料整理成圖表函數庫需要的格式。放入迴圈的程式碼範例如下：

```
# Python 程式
import pymongo

client = pymongo.MongoClient()
db = client.opendata
for doc in db.AQI.find():
    print('{County}{SiteName}: {AQI}'.format(**doc))
```

上述程式執行完的輸出結果如下，資料排列的整整齊齊。

```
基隆市基隆: 30
新北市汐止: 52
新北市萬里: 38
新北市新店: 28
...
```

Cursor 也支援 Python 的陣列索引語法，如果要取得查詢結果的特定位置資料，例如第一筆資料，可以在 find() 後加上陣列索引值 0，就可以取出查詢結果的第一筆資料了。

```
# Python 程式
first_doc = db.AQI.find()[0]
print('{SiteName}: {AQI}'.format(**first_doc))
```

雖然透過陣列索引值可以單獨取出 Cursor 中的某一筆資料，但畢竟 Cursor 不是 Python 的陣列形式，因此無法使用 Python 的陣列操作語法。有這個需求時，只要將 Cursor 透過 list() 轉成 Python 陣列後就可以使用 Python 陣列的區間語法來操作了，例如，取得查詢結果的最後三筆資料，程式碼如下：

```
# Python 程式
for doc in list( db.AQI.find() )[-3:]:
    print('{SiteName}: {AQI}'.format(**doc))
```

如果我們確定查詢結果只有一筆資料，或是只要全部資料的第一筆，可以使用 find_one() 函數，這樣回來的資料就只會有一筆，型態為 Python 的字典型態，如果查無資料則傳回 None，如下所示。

```python
# Python 程式
dict = db.AQI.find_one()
if dict is None:
    print('no document found')
else:
print('{SiteName}: {AQI}'.format(**dict))
```

從上述的幾個例子可知，呼叫 find() 傳回 Cursor 型態，支援迴圈，也可以透過 list() 轉成陣列，呼叫 find_one() 傳回字典型態。

使用 MongoDB Shell

使用 MongoDB shell 下指令查詢資料很方便，查詢語法跟 Python 中使用的語法幾乎幾乎一模一樣。這裡使用新版的 mongosh 連進資料庫下指令，若使用舊版的 mongo，可以在 find() 函數後方接 pretty() 函數，這樣輸出結果類似 Python 的 pprint() 函數，較易閱讀。如果使用新版的 mongosh 就不需要使用 pretty() 了。

在 mongosh 中先使用 use 指令將要操作的資料庫切換到 opendata 資料庫，如果查詢多筆資料時呼叫 find()，只查詢一筆資料時呼叫 findOne()。參數與 Python 中一樣。

```
# MongoDB shell
$ mongosh
test> use opendata
opendata> db.AQI.find()
# Output
[
…
{
```

```
    "_id" : ObjectId("6194a291df804dfccc077f7c"),
    "SiteName" : "平鎮",
    "County" : "桃園市",
    "AQI" : "34",
    "Pollutant" : "",
    "Status" : "良好",
    …
}
]
```

如果要將 find() 結果轉成陣列，可以在 find() 後接 toArray() 函數，例如下面指令會列出第一筆資料中的 SiteName 欄位內容。

```
# MongoDB shell
opendata> db.AQI.find().toArray()[0]['SiteName']
# Output
基隆
```

當然也可以使用 fineOne() 函數。

```
# MongoDB shell
opendata> db.AQI.findOne()['SiteName']
# Output
基隆
```

一般來說，MongoDB shell 主要是用來管理資料庫，查詢功能只是方便管理者快速掌握一下資料目前狀況，比較複雜的資料處理還是會在程式碼中進行，一般而言不會在 shell 中下太複雜的指令，所以我們並不需要花太多時間去研究如何在 shell 中完成所有程式語言能夠完成的工作。

3-2-2 顯示特定欄位

find()如果不加任何參數，查詢結果會將文件中所有欄位（也就是 JSON 格式中的 key）全部列出，如果我們只想列出 JSON 中的部分欄位，例如 AQI 資料中的 County、SiteName 與 AQI 這三個欄位時，只要在 find() 中加上 projection 參數即可。

```python
# Python 程式
cursor = db.AQI.find({}, projection={'County': 1, 'SiteName': 1, 'AQI': 1})
pprint(list(cursor))

''' 輸出結果只顯示特定欄位
[
    …
    { 'AQI': '87',
      'County': '屏東縣',
      'SiteName': '屏東(枋寮)',
      '_id': ObjectId('6194a291df804dfccc077fbc')}
]
'''
```

解說一下參數 projection。首先參數名稱 projection 可以省略，欄位後面的數字 1 代表該欄位要顯示，0 代表不要顯示。除了 _id 欄位外，其他欄位的 1 與 0 為互斥設定，所以只能設定全部 1 或全部 0，不可以 1 與 0 共存在這個參數中。目前有三個欄位設定為 1，因此其他沒有列出的欄位就相當於設定為 0，所以最後結果不顯示。find() 的第一個參數為查詢條件，目前是空字典「{}」代表沒有條件，也就是要查詢資料表中所有資料。

執行完的輸出結果可以發現，除了三個指定要顯示的欄位外還多了_id 欄位，若不想顯示的話，只要在 projection 參數中加上「_id: 0」輸出結果就不會顯示了，如下。

```python
# Python 程式
cursor = db.AQI.find({}, {'County': 1, 'SiteName': 1, 'AQI': 1, '_id': 0})
pprint(list(cursor))

''' 輸出結果只顯示指定的欄位且不包含_id 欄位
```

```
[
    ...
  { 'AQI': '87',
    'County': '屏東縣',
    'SiteName': '屏東(枋寮)'}
]
'''
```

1 跟 0 也可以使用保留字 True 與 False，效果一樣。在 MongoDB shell 中的語法與 Python 程式中的語法一樣，如下，所以可以直接從 Python 中複製過來執行。

```
# MongoDB shell
opendata> db.AQI.find({}, {'County': 1, 'SiteName': 1, 'AQI': 1, '_id': 0})
# Output
[
  { SiteName: '基隆', County: '基隆市', AQI: '30' },
  { SiteName: '汐止', County: '新北市', AQI: '52' },
  { SiteName: '萬里', County: '新北市', AQI: '38' },
...
```

3-2-3 單一條件查詢

在 find() 中的第一個參數位置加上條件語句時，查詢結果就只會找出符合該條件的資料，例如只列出 SiteName 為淡水的那一筆資料。

```
# Python 程式
cursor = db.AQI.find(
    { 'SiteName': '淡水' }
)
```

使用 find() 時，不論查詢結果只有一筆資料還是多筆資料，輸出結果都是 Cursor 類別，所以可以轉成 Python 陣列，若沒有任何資料符合條件也就是查無資料時，查詢結果轉成陣列後會得到空陣列。如果我們確定輸出結果只有一筆資料，這時可以使用 find_one()，這樣輸出結果就只會有一筆為 Python 字典型態的資料，查無資料時傳回 None。

```python
# Python 程式
cursor = db.AQI.find_one(
    { 'SiteName': '淡水' }
)
pprint(cursor)

''' 輸出結果為字典型態
{
    'AQI': '42',
    'County': '新北市',
    'SiteName': '淡水',
    …
}
'''
```

find_one() 函數在 MongoDB shell 中為 findOne()，查詢條件語法與查詢結果均與 fine_one() 一樣，不再贅述。

3-2-4 多重條件查詢

當查詢條件有兩個以上時，這時條件與條件間就必須設定「AND」或是「OR」這樣的邏輯運算子來合併兩個條件。「AND」比較簡單，用逗點連結就可以了，例如 SiteName 為板橋且 County 為新北市這兩個條件要同時成立時，find() 語法如下。

```python
# Python 程式
cursor = db.AQI.find(
    { 'County': '新北市', 'SiteName': '板橋' }
)
```

如果是「OR」比較麻煩，因為語法必須符合 JSON 格式，因此要使用「$or」這個特定名稱的鍵。例如要查詢 SiteName 為板橋或 SiteName 為淡水這兩個地方的資料，語法如下。

```
# Python 程式
cursor = db.AQI.find({
    '$or': [
        { 'SiteName': '淡水' },
        { 'SiteName': '板橋' }
    ]
})
```

根據 $or 語法規定，後方必須接一個陣列，陣列中的每個元素就是一個判斷式，這些判斷式彼此間用「OR」連接。如果將 $or 換成 $and，代表後方陣列中的判斷式彼此間用「AND」做連接。除了 $or 與 $and 外，還有 $not（表示 NOT）、$nor（表示 NOR），後方都要接陣列。

這些前面加上「$」符號的鍵名，稱之為運算子，MongoDB 有各式各樣的運算子，這裡先介紹比較運算子與存在運算子。

比較運算子

除了邏輯運算子外，還有針對查詢某些符合特定值資料的比較運算子，接下來將說明這些運算子用途。

● $eq：相等運算子。例如查詢 SiteName 為板橋的資料，語法可以這樣下。

```
# Python 程式
cursor = db.AQI.find(
    { 'SiteName':
        { '$eq': '板橋' }
    }
)
```

● $in：包含運算子。查詢出現在 $in 後方陣列中的資料，例如查詢 SiteName 為板橋或是淡水這兩個地方的資料，所以除了使用 $or 外，也可以使用 $in。

```python
# Python 程式
cursor = db.AQI.find(
    { 'SiteName':
        { '$in': ['板橋', '淡水'] }
    }
)
```

● $nin：不包含（排除）運算子，nin 意思是 NOT IN，也就是不在範圍內的資料都要查詢出來，因此下面這樣語法表示除了板橋與淡水外，其他地區都要列出。

```python
# Python 程式
cursor = db.AQI.find(
    { 'SiteName':
        { '$nin': ['板橋', '淡水'] }
    }
)
```

另外一些其他常用於數字型態的比較運算子。

運算子	說明
$gt	大於運算子（greater than）。查詢數字超過某個值的資料，相當於數學符號「>」。
$gte	大於等於運算子（greater than or equal）。查詢數字大於或等於某個值的資料，相當於數學符號「≥」。
$lt	小於運算子（less than）。查詢數字不到某個值的資料，相當於數學符號「<」。
$lte	小於等於運算子（less than or equal）。查詢數字小於或等於某個值的資料，相當於數學符號「≤」。
$ne	不等於運算子（not equal）。查詢所有不等於該值的資料，相當於數學符號「≠」。

目前在 AQI 資料表中的各項數值資料其型態為字串，因此要查詢欄位 AQI 超過某數值或是低於某數值的資料，必須要經過型別轉換才可以使用「$gt」這些指令查詢，這部分需要透過之後會介紹的 Aggregation 技術，這裡我們先在資料庫中新增幾筆數字型態的資料來試試這些比較運算子用法。注意下面範例會將資料新增到 test 資料庫 weather 資料表。

```python
# Python 程式
import pymongo
from pprint import *

client = pymongo.MongoClient()
db = client.test
db.weather.drop()
db.weather.insert_many([
    { 'humidity': 50, 'temperature': 22 },
    { 'humidity': 55, 'temperature': 28 },
    { 'humidity': 65, 'temperature': 19 }
])
```

根據上述三筆資料，查詢溫度低於 20 度的資料，語法如下。

```python
# Python 程式
import pymongo
from pprint import *

client = pymongo.MongoClient()
db = client.test
cursor = db.weather.find({
    'temperature': { '$lt': 20 }
})
pprint(list(cursor))

'''
輸出結果為
[{'_id': ObjectId('61d81848c1897696ae1f31f2'),
```

```
  'humidity': 65,
  'temperature': 19}]
'''
```

查詢溫度大於 20 且低於 30 度的資料，語法如下。

```
# Python 程式
cursor = db.weather.find({
    'temperature': {
        '$gte': 20, '$lt': 30
    }
})

'''
輸出結果為
[{'_id': ObjectId('61d81848c1897696ae1f31f0'),
  'humidity': 50,
  'temperature': 22},
 {'_id': ObjectId('61d81848c1897696ae1f31f1'),
  'humidity': 55,
  'temperature': 28}]
'''
```

這些運算子並非 Python 語法，所有運算子最後都會送到 MongoDB server 中去執行，因此這些運算子在 MongoDB shell 中都可以使用，語法與 Python 中一樣，我們可在 mongosh 中試試這些語法，如下。

```
# MongoDB shell
test> db.weather.find({
    'temperature': {
        '$gte': 20, '$lt': 30
    }
})
# Output
[
  {
    _id: ObjectId("61d81848c1897696ae1f31f0"),
    humidity: 50,
```

```
    temperature: 22
  },
  {
    _id: ObjectId("61d81848c1897696ae1f31f1"),
    humidity: 55,
    temperature: 28
  }
]
```

存在運算子

由於 MongoDB 允許在同一個資料表中每筆資料的 JSON 格式可以完全不一樣，因此在查詢時，我們可以針對是否擁有某些特定欄位的資料決定是否要放在查詢結果中或是排除掉。例如，我們先在 AQI 資料表中插入一筆格式完全不同於其他資料的資料，如下：

```
# Python 程式
db.AQI.insert_one({ 'weather': '晴天' })
```

如果我們要查詢具有 weather 這個欄位的資料，使用 $exist 運算子即可，語法如下：

```
# Python 程式
cursor = db.AQI.find({
    'weather': {
        '$exists': True
    }
})
```

這個查詢結果應該只有一筆資料，因為目前 AQI 資料表中只有這筆資料才有 weather 這個欄位，其他從政府資料開放平臺下載的每一筆資料中都沒有 weather 欄位。如果將 True 改為 False，就是查詢不具有這個欄位的資料。在 MongoDB shell 中 $exists 用法與 Python 一樣，只要將

Python 的布林值 True / False 改為 true / false 就可以了，差異只在第一個字元的大小寫不同。

3-2-5 模糊查詢

我們可以透過正規表示法來設定更多樣化的查詢條件。例如查詢 County 中有「北」字的資料，像是臺北市、新北市。

```
# Python 程式
cursor = db.AQI.find({
    'County': { '$regex': '北' }
})
```

查詢 County 中，第一個字為「新」字的資料，例如新竹市、新北市。

```
# Python 程式
cursor = db.AQI.find({
    'County': { '$regex': '^新' }
})
```

查詢 County 中，最後一個字為「縣」的資料，例如彰化縣、屏東縣。

```
# Python 程式
cursor = db.AQI.find({
    'County': { '$regex': '縣$' }
})
```

若要查詢 AQI 在 150 以上（包含）的所有縣市資料不一定要將 AQI 數值轉為整數型態然後用 $gte 運算子，使用正規表示法也可以做到同樣的效果，如下。

```
# Python 程式
cursor = db.AQI.find({
    'AQI': {
        '$regex': '1[5-9].|[2-9]..'
    }
})
```

正規表示法使用的符號非常多，有興趣的讀者可以從專門的文件瞭解
這些符號的用途。

3-2-6 運用 where 語句

Python 的 PyMongo 函數庫提供了一個特殊的函數 where()，這個函數
可以使用 JavaScript 程式來設定查詢條件，做到一些原本需要使用
Aggregation 技術才做得到的查詢功能。

例如我們想要查詢 AQI 值超過 100 的資料，本來應該要用比較運算子
「$gt」來設定查詢條件，但是因為 AQI 欄位型態為字串，因此無法使
用這個運算子。當然我們知道應該先將 AQI 欄位的資料型態轉為數字
型態後才能使用比較運算子，但這個轉換不是很單純的在 find() 中就可
以完成。現在透過 where() 函數配合 JavaScript 的型別轉換函數就很容
易可以做到，程式碼如下。

```python
# Python 程式
cursor = db.AQI.find().where('parseInt(this.AQI) > 100')
```

函數 parseInt() 是 JavaScript 中將字串轉成整數的函數，「this.AQI」代
表這個資料表中的 AQI 欄位，因此透過 where() 函數就可以很容易取得
AQI 大於 100 的資料。除此之外，要查詢某個 AQI 數值範圍也很容易，
例如大於 50 但低於 100 的資料，可以這樣寫。

```python
# Python 程式
cursor = db.AQI.find().where(
    'parseInt(this.AQI) >= 50 && parseInt(this.AQI) < 100'
)
```

如果是在 MongoDB shell 中，where 語句的使用方式，如下。

```
# MongoDB Shell
opendata> db.AQI.find({
    '$where': function() {
```

```
        return parseInt(this.AQI) > 100;
    }
})
```

要記得 where() 中的語法是 JavaScript 語法，並不是 Python 語法。

3-2-7 查詢結果排序

若要將查詢完的結果按照某種順序下去排列，就必須使用 sort() 來對特定欄位的內容作排序。例如將 test 資料庫中 weather 資料表的溫度值做順向排序（由小到大），語法如下。

```
# Python 程式
cursor = db.weather.find().sort('temperature')
```

若要反向排序（由大到小），加上參數 -1 即可，如下。

```
# Python 程式
cursor = db.weather.find().sort('temperature', -1)
```

如使用 MongoDB shell（mongosh），sort() 的語法調整為 JSON 格式，如下。

```
# MongoDB shell
test> db.weather.find().sort({ 'temperature': -1 })
```

若同時針對兩個以上的欄位排序，只要將欄位與排序方式封裝在 tuple 中然後再放到陣列裡即可。例如先對 humidity 做順向排序，如果 humidity 數值一樣時再根據 temperature 做反向排序。

```
# Python 程式
cursor = db.weather.find().sort(
    [
        ('humidity', 1),
        ('temperature', -1)
    ]
)
```

若是在 MongoDB shell 中兩個欄位排序的指令略有不同，如下。

```
# MongoDB shell
test> db.weather.find().sort([
    { 'humidity': 1 },
    { 'temperature': -1 }
])
```

中文排序

如果要排序的欄位資料型態為數字、英文或是日期，排序結果不會有什麼問題，但如果要排序的欄位內容是中文，這時候就會發現排序結果跟預期完全不同。因為中文排序預設是根據 Unicode 來排序，這樣的排序結果對我們來說沒有用處，看起來跟亂排沒有什麼兩樣。就習慣上而言，中文大部分都是按照筆畫數排序，想要這樣排的話只要將資料表的語系透過 collection() 改為繁體中文（zh_Hant），這樣就可以按照中文筆畫數來排序了，如下。

```
# Python 程式
cursor = db.AQI.find(
    {},
    { 'SiteName': 1, '_id': 0 }
).collation({'locale': 'zh_Hant'}).sort('SiteName')
```

如果要按照注音符號ㄅㄆㄇㄈ的順序來排序，將 zh_Hant 改為 zh@collation=zhuyin 即可，如下。

```
# Python 程式
cursor = db.AQI.find(
{},
    projection={'SiteName': 1, '_id': 0}
).collation({'locale': 'zh@collation=zhuyin'}).sort('SiteName')
```

若是按照拼音排序，則使用 zh，如下。

```
# Python 程式
cursor = db.AQI.find(
{},
    projection={'SiteName': 1, '_id': 0}
).collation({'locale': 'zh'}).sort('SiteName')
```

若覺得每次排序中文都要這樣修改語系很麻煩的話，還有一種方式就是先建立特定語系的資料表後再輸入資料。這裡在 Compass 中操作比較容易，建議這樣做。如下圖，先建立一個中文語系的資料表，名稱為 chinese。

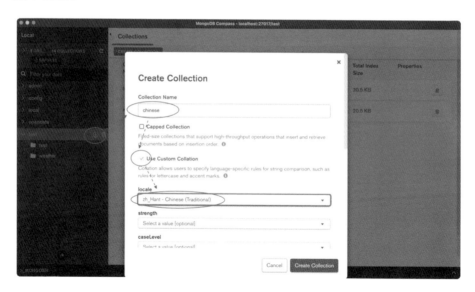

然後在 MongoDB shell 中插入幾筆資料。

```
# MongoDB shell
test> db.chinese.insertMany([
    { 'str': '三' },
    { 'str': '士' },
    { 'str': '書' },
    { 'str': '一' },
    { 'str': '二' },
])
```

現在不需要更改語系，預設語系已經是繁體中文也就是按筆畫數排序了。下面指令先列出不排序結果作為對照，第二個指令就是針對 str 欄位進行排序，可以看到筆畫數少的在前面。

```
# MongoDB shell
test> db.chinese.find()
# Output
[
  { _id: ObjectId("61d83b4381539c13cf6169df"), str: '三' },
  { _id: ObjectId("61d83b4381539c13cf6169e0"), str: '士' },
  { _id: ObjectId("61d83b4381539c13cf6169e1"), str: '書' },
  { _id: ObjectId("61d83b4381539c13cf6169e2"), str: '一' },
  { _id: ObjectId("61d83b4381539c13cf6169e3"), str: '二' }
]

test> db.chinese.find().sort({ 'str': 1 })
# Output
[
  { _id: ObjectId("61d83b4381539c13cf6169e2"), str: '一' },
  { _id: ObjectId("61d83b4381539c13cf6169e3"), str: '二' },
  { _id: ObjectId("61d83b4381539c13cf6169df"), str: '三' },
  { _id: ObjectId("61d83b4381539c13cf6169e0"), str: '士' },
  { _id: ObjectId("61d83b4381539c13cf6169e1"), str: '書' }
]
```

對於已經存在的資料表，目前無法修改預設語系，只能建立不同語系的 View 來達到修改語系的效果。例如對 AQI 資料表建立一個 zh_Hant 語系的 View。目前 Compass 無法建立不同語系的 View，因此只能在 MongoDB shell 下指令。語系名稱對映請參考網址：https://docs.mongodb.com/manual/reference/collation-locales-defaults。

```
# MongoDB shell
test> use opendata
opendata> db.createView(
    'AQI_zh_Hant',
    'AQI',
```

```
    [{ $match: {} }],
    { collation: { locale: 'zh_Hant' } }
)
```

現在建立了一個名稱為 AQI_zh_Hant 的 View，同時跟原本的 AQI 資料表一起執行查詢並排序看看。注意輸出的結果是水平方向顯示兩筆資料，然後換行，所以 AQI_zh_Hant 的排序結果為二林、三重、三義、土城…，已經依照中文筆畫數排序。而同樣指令在 AQI 資料表上的排序結果就不是我們要的了。

```
# MongoDB shell
opendata> db.AQI_zh_Hant.find({}, {'SiteName': 1, _id:
0}).sort({'SiteName': 1})
# Output
[
  { SiteName: '二林' }, { SiteName: '三重' },
  { SiteName: '三義' }, { SiteName: '土城' },
  { SiteName: '士林' }, { SiteName: '大同' },
  { SiteName: '大里' }, { SiteName: '大城' },
  { SiteName: '大園' }, { SiteName: '大寮' },
  { SiteName: '小港' }, { SiteName: '中山' },
  { SiteName: '中壢' }, { SiteName: '仁武' },
  { SiteName: '斗六' }, { SiteName: '冬山' },
  { SiteName: '古亭' }, { SiteName: '左營' },
  { SiteName: '平鎮' }, { SiteName: '永和' }
]
Type "it" for more

opendata> db.AQI.find({}, {'SiteName': 1, _id: 0}).sort({'SiteName': 1})
# Output
[
  { SiteName: '三義' }, { SiteName: '三重' },
  { SiteName: '中壢' }, { SiteName: '中山' },
  { SiteName: '二林' }, { SiteName: '仁武' },
  { SiteName: '冬山' }, { SiteName: '前金' },
  { SiteName: '前鎮' }, { SiteName: '南投' },
  { SiteName: '古亭' }, { SiteName: '善化' },
```

```
  { SiteName: '嘉義' }, { SiteName: '土城' },
  { SiteName: '埔里' }, { SiteName: '基隆' },
  { SiteName: '士林' }, { SiteName: '大同' },
  { SiteName: '大園' }, { SiteName: '大城' }
]
Type "it" for more
```

3-2-8 計算查詢筆數

有兩個函數可以用來計算查詢後的資料筆數,如下表。

Python 中的函數	mongosh 中的函數	說明
count_documents()	countDocuments()	用來取代 count(),此函數為 collection 呼叫的函數,原本在 find()中的查詢條件同樣可使用在此函數中。
estimated_document_count()	estimatedDocumentCount()	用來快速地估算整個資料表中有多少資料,無法設定查詢條件。

03
CH

資料存取

以上函數用法範例如下,假設我們要列出 AQI 資料表中的特定查詢資料與全部資料的筆數,並分別放入 n1 與 n2 這兩個變數中。

```
# Python 程式
import pymongo

client = pymongo.MongoClient()
db = client.opendata

n1 = db.AQI.count_documents({ 'County': '臺北市' })
n2 = db.AQI.estimated_document_count()
print((n1, n2))
```

在 MongoDB shell 中的函數用法與 Python 中一樣，但在 shell 中多了 count() 函數可以使用，只是這個函數有可能會在未來某個版本正式被取消，所以建議盡可能使用 countDocuments()。不再建議使用的原因主要是 count() 在某些情況下傳回的筆數不是正確筆數，尤其在分散式系統架構中，資料還沒搬移完成的情況下，count() 會傳回錯誤筆數。

```
# MongoDB shell
opendata> db.AQI.find({'County': '臺北市'}).count()
opendata> db.AQI.countDocuments({'County': '臺北市'})
opendata> db.AQI.estimatedDocumentCount()
```

3-2-9 去除重複資料

如果查詢出來的結果有重複的資料存在，可以使用 distinct() 函數讓重複的資料只留下一筆。在說明 distinct() 函數之前，先來看下面這段程式執行結果。

```
# Python 程式
cursor = db.AQI.find({}, { 'County': 1, '_id': 0 })
pprint(list(cursor))

''' 輸出結果為
[{'County': '基隆市'},
 {'County': '新北市'},
 {'County': '新北市'},
 {'County': '新北市'},
 …
{'County': '臺北市'},
 {'County': '臺北市'},
 {'County': '桃園市'},
 {'County': '桃園市'},
 …
'''
```

從輸出的資料可以看到，有很多縣市是重複的，例如有好幾個新北市，好幾個桃園市。這不是因為資料有錯，而是這些縣市有很多個監測站，所以當查詢結果只看 County 欄位時就會看到許多重複的資料。如果我們想要去除這些重複的資料，也就是相同資料只留下一筆即可，這時就要使用 distinct() 函數了，用法如下。

```
# Python 程式
cursor = db.AQI.distinct('County')
pprint(cursor)

''' 輸出結果為
['南投縣', '嘉義市', '嘉義縣', '基隆市', '宜蘭縣', '屏東縣', '彰化縣', '新北
市', '新竹市', '新竹縣', '桃園市', '澎湖縣', '臺中市', '臺北市', '臺南市', '
臺東縣', '花蓮縣', '苗栗縣', '連江縣', '金門縣', '雲林縣', '高雄市']
'''
```

這個指令在 MongoDB shell 中語法一樣，傳回的結果也是陣列。

```
# MongoDB shell
opendata> db.AQI.distinct('County')
# Output
[
    "南投縣",
    "嘉義市",
    "嘉義縣",
    "基隆市",
    ...
]
```

我們也可以在 distinct() 中的第二個參數加上查詢條件，例如想要知道行政區域中有「北」字的縣市名稱。

```
# Python 程式
cursor = db.AQI.distinct('County', { 'County': { '$regex': '北' }})
pprint(cursor)

''' 輸出結果為
```

```
['新北市', '臺北市']
'''
```

MongoDB shell 也是同樣的語法，請您自行試試看，這裡不再贅述。

3-2-10 限制與忽略

在 find() 中可以加上 limit 參數來限制查詢筆數，例如只列出一筆資料。

```
# Python 程式
cursor = db.AQI.find(limit=1)
```

如果是在 MongoDB shell 中，則是使用 limit() 函數。

```
# MongoDB shell
opendata> db.AQI.find().limit(1)
```

除了 limit 外，也可以使用 skip 排除前多少筆資料，例如我們可以列出從第 3 筆開始的連續 5 筆資料。

```
# Python 程式
cursor = db.AQI.find(skip=2, limit=5)
```

MongoDB shell 的語法如下。

```
# MongoDB shell
opendata> db.AQI.find().skip(2).limit(5)
```

在 Python 中 limit 與 skip 除了是 find() 的參數外，也可以是函數，這樣就可以先將資料排序後再 limit 與 skip 了。例如先將資料排序後再取最後兩筆資料，語法如下。出來的資料是 SiteName 筆畫數最多的兩筆資料，結果應該是觀音與關山這兩筆。

```
# Python 程式
cursor = db.AQI.find().collation({'locale':
'zh_Hant'}).sort('SiteName', -1).limit(2)
pprint(list(cursor))
```

在 MongoDB shell 的語法只要調整一下排序中的參數格式即可,其他地方不變。

```
# MongoDB shell
opendata> db.AQI.find().collation({'locale': 'zh_Hant'}).
sort({'SiteName': -1}).limit(2)
```

3-2-11 查詢子文件

所謂的子文件就是某個欄位的內容為另外一份文件。MongoDB 對文件的定義是 JSON 格式中從左大括號開始一直到右大括號結束稱為一份文件,所以下面 JSON 中 sub_doc 的內容就是一份子文件。

```
{
    "sub_doc": {
        "key": <value>
    }
}
```

如果文件結構有好幾層,對子文件中的資料查詢可以使用「.」語法快速設定條件,例如 { sub_doc.key: <some_value> }。這裡我們用 Python 程式來輸入兩筆資料,作為待會要用的資料來源。

```
# Python 程式
import pymongo

client = pymongo.MongoClient()
db = client.test

db.course.drop()
db.course.insert_many([
    {
        'student': 'S1',
        'course': {
            '機率': 80,
```

```
        '音樂欣賞': 70
      }
    },
    {
      'student': 'S2',
      'course': {
        '物理': 85,
        '機率': 70,
        '音樂欣賞': 50
      }
    }
])
```

若要查詢音樂欣賞不及格的學生，此時應該只有 S2 符合條件。

```
# MongoDB shell
test> db.course.find({ 'course.音樂欣賞': { '$lt': 60 } })
# Output
[
  {
    _id: ObjectId("61d962bf293e60d93263a816"),
    student: 'S2',
    course: { '物理': 85, '機率': 70, '音樂欣賞': 50 }
  }
]
```

可以透過 projection 參數，讓結果只要出現音樂欣賞即可。

```
# MongoDB shell
test> db.course.find(
    { 'course.音樂欣賞': { '$lt': 60 } },
    { 'student': 1, 'course.音樂欣賞': 1}
)
# Output
[
  {
    _id: ObjectId("61d962bf293e60d93263a816"),
    student: 'S2',
```

```
        course: { '音樂欣賞': 50 }
    }
]
```

若要在 Python 中執行這個查詢，程式碼如下。

```
# Python 程式
import pymongo
from pprint import *

client = pymongo.MongoClient()
db = client.test

cursor = db.course.find(
    { 'course.音樂欣賞': { '$lt': 60 }},
    { 'student': 1, 'course.音樂欣賞': 1 }
)
pprint(list(cursor))
```

如果想要知道哪些學生修了物理這門課，語法如下。

```
# MongoDB shell
test> db.course.find({ 'course.物理': { '$exists': true }})
# Output
[
  {
    _id: ObjectId("61d962bf293e60d93263a816"),
    student: 'S2',
    course: { '物理': 85, '機率': 70, '音樂欣賞': 50 }
  }
]
```

若要在 Python 中執行，程式碼如下。

```
# Python 程式
cursor = db.course.find({ 'course.物理': { '$exists': True }})
pprint(list(cursor))
```

3-3 修改資料

修改資料在 Python 中呼叫的函數為 update_one() 與 update_many()，這兩個函數的差別在前者只會異動一筆資料，後者則是異動多筆資料。例如我們想要修改 SiteName 為淡水的 AQI 數值，使用 update_one() 即可，語法如下。

```python
# Python 程式
db.AQI.update_one(
    { 'SiteName': '淡水' },
    { '$set': { 'AQI': '10' }}
)
```

update_one() 的第一個參數為條件，第二個參數使用「$set」運算子指出要修改的欄位以及新的數值。如果異動的資料筆數超過一筆以上資料時，則改呼叫 update_many()。

若要同時修改兩個以上欄位時，例如 AQI 與 Status，只要在「$set」後面接所有要修改的欄位名稱即可，語法如下：

```python
# Python 程式
db.AQI.update_one(
    { 'SiteName': '淡水' },
    { '$set': {
          'AQI': '60',
          'Status': '普通'
        }
    }
)
```

想要知道修改資料的指令是否成功，可以透過傳回值中的 acknowledged 屬性得知，此外，傳回值中的 modified_count 可以知道修改了幾筆資料。

```
# Python 程式
result = db.AQI.update_many({…})
if result.acknowledged:
    print('update {} documents'.format(result.modified_count))
```

若要在 MongoDB shell 中修改資料，只要將 Python 的 update_one() 函數改為 updateOne()，update_many() 改為 updateMany() 就可以了。

3-3-1 找不到修改對象就新增

有時修改資料時，在原本的資料中可能找不到要修改的對象，例如有一個監測站資料要更新，但這個監測站可能在原本的資料庫中不存在（因為是新建立的監測站）。這種情況應該要將修改指令改為新增指令，但這樣太麻煩了，因為每次更新前都要先判斷監測站是否已經存在於資料庫，然後才決定要使用修改指令還是新增指令。為了解決這個麻煩的步驟，可以透過 upsert 參數來做到「如果找不到要更新資料的對象，就改為新增這筆資料」，一個指令就解決了。

例如要在 AQI 資料表中修改一筆「County 為臺中市，SiteName 為我的家」這筆資料的 AQI 值，但事實上目前資料表中並沒有這筆資料，因此我們希望更新資料時若找不到符合條件的對象，就會變成自動新增這筆資料，語法如下。

```
# Python 程式
db.AQI.update_one(
    {
        'County': '臺中市',
        'SiteName': '我的家'
    },
    {
        '$set': {
            'AQI': '10',
            'Status': '良好'
        }
```

```
    },
    upsert=True
)
```

這時去查 AQI 資料，就會看到 SiteName 為我的家這筆資料了。

```
# MongoDB shell
opendata> db.AQI.find({ SiteName: '我的家' })
# Output
{
    "_id" : ObjectId("6195b9158734cc08915e01eb"),
    "County" : "臺中市",
    "SiteName" : "我的家",
    "AQI" : "10",
    "Status" : "良好"
}
```

若要在 MongoDB shell 中使用 upsert 參數，語法略有不同，如下：

```
# MongoDB shell
opendata> db.AQI.updateOne(
    {
        'County': '臺中市',
        'SiteName': '我的家'
    },
    {
        '$set': {
            'AQI': '10',
            'Status': '良好'
        }
    },
    { upsert: true }
)
```

3-3-2 新增與移除欄位

有的時候會想要在已經存在的資料中額外加上原本不存在的欄位，這時一樣使用 update_one() 或 update_many() 就可以完成。例如上一節 SiteName 為「我的家」這筆資料中並沒有經緯度座標欄位，如果要新增加這兩個欄位到這筆資料去很簡單，就當成修改這筆資料的經緯度值即可，不存在的欄位會自動補進去，語法如下：

```python
# Python 程式
db.AQI.update_one(
    {
        'County': '臺中市',
        'SiteName': '我的家'
    },
    {
        '$set': {
            'Longitude': '120.000000',
            'Latitude': '24.000000'
        }
    }
)
```

在 MongoDB shell 中下指令看一下「我的家」這筆資料是否新增了經緯度欄位。

```
# MongoDB shell
opendata> db.AQI.find({ SiteName: '我的家' })
# Output
{
    "_id" : ObjectId("6195b9158734cc08915e01eb"),
    "County" : "臺中市",
    "SiteName" : "我的家",
    "AQI" : "10",
    "Status" : "良好",
    "Latitude" : "24.000000",
    "Longitude" : "120.000000"
}
```

若要移除欄位時，使用 $unset，欄位值的部分可任意填，這裡填入
空字串。

```
# Python 程式
db.AQI.update_one(
    {
        'County': '臺中市',
        'SiteName': '我的家'
    },
    {
        '$unset': {
            'Longitude': '',
            'Latitude': ''
        }
    }
)
```

3-3-3 數字自我加減

數字型態的資料要自我加減時，例如 n = n + 1 這樣的需求時，更新指
令中無法使用 $set 運算子。首先在資料庫中新增一筆資料。

```
# Python 程式
db.test.insert_one({ '_id': 1, 'counter': 0 })
```

如果要將 counter 的值增加 1，這時不能使用 $set 運算子，而要使用 $inc
運算子，如下。

```
# Python 程式
db.test.update_one(
    { '_id': 1 },
    { '$inc': { 'counter': 1 } }
)
```

如果要減掉 1，填入 -1 即可。

```python
# Python 程式
db.test.update_one(
    { '_id': 1 },
    { '$inc': { 'counter': -1 } }
)
```

3-4 刪除資料

刪除資料使用 delete_one() 與 delete_many() 函數，前者只刪除一筆資料，後者刪除多筆資料。例如將 SiteName 為我的家資料刪除，語法如下。

```python
# Python 程式
db.AQI.delete_one({ 'SiteName': '我的家' })
```

刪除多筆資料則改為 delete_many()，例如刪除 County 為臺中市的所有資料。

```python
# Python 程式
db.AQI.delete_many({ 'County': '臺中市' })
```

刪除後，可以透過函數傳回值知道刪除的狀態。

```python
# Python 程式
result = db.AQI.delete_many({ … })

if result.acknowledged:
    print('delete {} documents'.format(result.deleted_count))
```

若要在 MongoDB shell 中刪除資料，只要將 Python 的 delete_one() 改為 deleteOne()，delete_many() 改為 deleteMany() 就可以了。

3-5 取代資料

取代資料是將搜尋到的資料整個置換成另一筆資料，舊資料與新資料的 JSON 格式可以完全不同，但置換後的新資料 _id 欄位內容與舊資料一樣，MongoDB 並不會重新核發一個新的值。

取代資料只有一個函數 replace_one()，例如把 SiteName 為淡水的資料換成新的 JSON 格式資料，語法如下。

```python
# Python 程式
db.AQI.replace_one(
    {'SiteName': '淡水'},
    {'weather': '下雨'}
)
```

這時原本淡水那一筆擁有很多欄位的資料，就只剩下一個欄位 weather 了。函數中可以加上 upsert 參數，讓搜尋不到要被置換的資料時，可以將預計置換的資料變成新增該筆資料，例如我們要將 SiteName 為日月潭的資料換成水社碼頭，但資料庫中找不到日月潭資料，這時水社碼頭資料就自動變成新增的資料了。

```python
# Python 程式
db.AQI.replace_one(
    { 'SiteName': '日月潭' },
    { 'SiteName': '水社碼頭', 'weather': '晴天' },
    upsert=True
)
```

上面的程式執行完後，資料庫就會多一筆水社碼頭為晴天的資料。若要知道取代狀態，由傳回值可以得知，範例如下。

```python
# Python 程式
result = db.AQI.replace_one({ … })
if result.acknowledged:
    print('successful')
```

若要在 MongoDB shell 中執行取代功能，函數名稱為 replaceOne()。

3-6 用 GridFS 儲存大型檔案

MongoDB 限制一份文件大小不能超過 16M bytes，但若我們要儲存的資料超過這個大小，例如影片、WORD 文件、MP3 音樂、JPEG、PDF…等，這時就必須使用 GridFS 方式儲存了。

使用 GridFS 儲存資料是以檔案為單位，也就是將一個檔案送進 MongoDB 中儲存，取出時也是檔案形式。GridFS 所儲存的資料會放在指定的資料表（collection）中，也就是每個資料庫只會有一個獨立的 GridFS 儲存區，並且不會跟該資料庫中的其他文件混在同一個資料表裡，完全是獨立的。

3-6-1 使用 mongofiles 指令存取 GridFS

存取 GridFS 資料可以使用 mongofiles 指令，這是 MongoDB 另外一個工具程式，如果電腦中沒有安裝的話，需要從 MongoDB 官網上下載。mongofiles 指令使用方式非常簡單，如下。

● **儲存檔案**

```
$ mongofiles -d=test put filename
```

● **取出檔案**

```
$ mongofiles -d=test get filename
```

● **刪除檔案**

```
$ mongofiles -d=test delete filename
```

● **列出儲存的檔案**

```
$ mongofiles -d=test list begin-with-filename
```

參數 begin-with-filename 可列出特定字串開頭的檔案名稱，若省略，
則列出所有儲存的檔案。

● **搜尋檔案**

```
$ mongofiles -d=test search regex-of-filename
```

參數 regex-of-filename 為符合正規表示法的檔名，例如經常使用的
「*.docx」會列出所有副檔名為 docx 的檔案，此參數不可省略。

3-6-2 使用 Python 程式存取 GridFS

除了使用 mongofiles 指令外，PyMongo 函數庫也支援 GridFS，因此透
過 Python 程式也可以存取 GridFS 中的檔案。

● **儲存檔案**

假設要儲存的檔案檔名為「專案報告.pptx」，位於跟 Python 程式同
一資料夾下。

```python
# Python 程式
import pymongo
import gridfs

filename = '專案報告.pptx'

client = pymongo.MongoClient()
db = client.test
fs = gridfs.GridFS(db)
with open(filename, 'rb') as f:
    fs.put(f, filename=filename)
```

● 取出檔案

```python
# Python 程式
import pymongo
import gridfs

filename = '專案報告.pptx'

client = pymongo.MongoClient()
db = client.test
fs = gridfs.GridFS(db)
file = fs.find_one({ 'filename': filename })
with open(file.filename, 'wb') as f:
    f.write(file.read())
```

● 刪除檔案

```python
# Python 程式
import pymongo
import gridfs

filename = '專案報告.pptx'

client = pymongo.MongoClient()
db = client.test
fs = gridfs.GridFS(db)
file = fs.find_one({ 'filename': filename })
if file is not None:
    fs.delete(file._id)
else:
    print('"{}" not found'.format(filename))
```

● **列出儲存的檔案**

若只需要列出檔名，可以使用 list()。

```python
# Python 程式
import pymongo
import gridfs

client = pymongo.MongoClient()
db = client.test
fs = gridfs.GridFS(db)
for filename in fs.list():
    print(filename)
```

若希望列出儲存檔案的其他資訊，例如儲存時間、檔案大小...等，可以使用 find()。

```python
# Python 程式
…
for file in fs.find():
    print('filename: ' + file.filename)
    print('upload date: ' + str(file.uploadDate))
    print('length: ' + str(file.length))
```

3-6-3 GridFS 結構

GridFS 使用了兩個資料表來儲存資料，名稱分別是 fs.files 與 fs.chunks，可以透過 Compass 來看這兩個資料表的內容。fs.files 記錄檔案的資訊，例如檔名、檔案大小、上傳時間...等；fs.chunks 則儲存了檔案實際的內容。例如上一節儲存的專案報告 .pptx 檔案在 fs.files 中的紀錄如下。

```
_id: ObjectId("61af04bae6b3b40a1197e625")
filename: "專案報告.pptx"
chunkSize: 261120
length: 613530
uploadDate: 2021-12-07T06:52:42.969+00:00
```

由於專案報告.pptx 的大小為 613530 bytes，而 GridFS 預設的儲存塊
（chunk）大小為 255 kB，因此需要三個儲存塊才能儲存專案報告.pptx
的內容。在 Compass 中察看 fs.chunks 可以看到的確使用了三個 chunks
來儲存實際的檔案內容。

```
_id: ObjectId("61af04bae6b3b40a1197e626")
files_id: ObjectId("61af04bae6b3b40a1197e625")
n: 0
da… : Binary('UEsDBBQABgAIAAAAIQABMHPe5wIAABoPAAAUAAAcHB0L3ByZXNlbnRhdG…

_id: ObjectId("61af04bae6b3b40a1197e627")
files_id: ObjectId("61af04bae6b3b40a1197e625")
n: 1
da… : Binary('AAEEEEAAAQQQQAABBEJXgIBN6F47Wo4AAggggAACCCCAAAIIIIAAAggggA…

_id: ObjectId("61af04bae6b3b40a1197e628")
files_id: ObjectId("61af04bae6b3b40a1197e625")
n: 2
da… : Binary('v+OHPH6FdpnaJHyO+I5ctnu8lh47XqsFt0J7qkZ/aavmEGGrpsRP1cjUas…
```

3-6-4 對儲存的檔案加上額外資訊

記錄在 fs.files 中的資料，除了 filename 這些必要性的欄位之外，我們
還可以自行定義需要的欄位，例如同樣的專案報告.pptx，但這次要儲
存的是 2.1 版。

```
# Python 程式
import pymongo
import gridfs
```

```
filename = '專案報告.pptx'

client = pymongo.MongoClient()
db = client.test
fs = gridfs.GridFS(db)
with open(filename, 'rb') as f:
    fs.put(f, filename=filename, version=2.1)
```

這時在 fs.files 中除了原本的資料外，還會增加一筆記錄「version: 2.1」的資料。

```
_id: ObjectId("61af04bae6b3b40a1197e625")
filename: "專案報告.pptx"
chunkSize: 261120
length: 613530
uploadDate: 2021-12-07T06:52:42.969+00:00


_id: ObjectId("61af0c1e5ffe5b3ebb3b470c")
filename: "專案報告.pptx"
version: 2.1
chunkSize: 261120
length: 621079
uploadDate: 2021-12-07T07:24:14.207+00:00
```

現在在 GridFS 中儲存了兩個版本的專案報告.pptx，如果我們要取出 2.1 那個版本，可以在搜尋時加上 version 參數。

```
# Python 程式
file = fs.find_one({'filename': filename, 'version': 2.1})
with open(file.filename, 'wb') as f:
    f.write(file.read())
```

或者使用 get_last_version() 函數取得最新版本的檔案。

```
# Python 程式
file = fs.get_last_version(filename)
with open(file.filename, 'wb') as f:
    f.write(file.read())
```

Aggregatio
進階查詢

4-1 說明

Aggregation 是 MongoDB 非常重要的一項進階查詢功能，可以對原始資料進行拆解、重組與各種數學統計運算。Aggregation 與 find 不同處在於 find 只能對資料進行一次的運算處理，而 aggregation 可以對資料進行多次運算後才取得結果，例如使用 find 可以找出各縣市的 AQI 指數，但是要計算各縣市平均 AQI 指數，find 就無能為力了，這時得要靠 aggregation 才行。

Aggregation 利用 pipeline 方式處理資料。Pipeline 包含了一或數個資料處理階段（稱為 stage），每一個 stage 會將上一個 stage 輸出資料經過處理後傳給下一個 stage，直到最後產生我們要的資料為止。例如在上一章我們從資料開平臺上取得的 AQI 資料，其中各項指數的資料型態都是字串，因此若想要計算 AQI 欄位的平均值，第一個 stage 必須先

將 AQI 型態由字串轉為數字，第二個 stage 才能對同一縣市的各區 AQI
值群組後做平均。所以 pipeline 就是讓資料經過一連串的變化，最後產
生我們要的結果。

4-2 前置準備

請讀者安裝 MongoDB 官方的 Compass 圖形介面管理系統，我們可以
在 Compass 中組合與測試我們的 pipeline，等到一切都正確了，
Compass 可以產生對應的 Python 程式碼，複製貼上到 Python 程式中
就完成了。透過這個作法來設計 pipeline 會很方便。

請讀者先將 MongoDB 中的 AQI 資料表刪除，因為舊的資料經過前面
單元的練習應該已經很凌亂了，重新儲存一份新的 AQI 資料來練習各
種 pipeline 操作較為合適。我們可以在 Compass 中刪除資料表，或是
在 mongosh 中呼叫 db.opendata.drop() 也可以。

新的 AQI 空氣品質指標資料存入 MongoDB 後，在 Compass 中點選
Aggregations 分頁，可以看到剛新存入的資料，第一列的是原始資料。

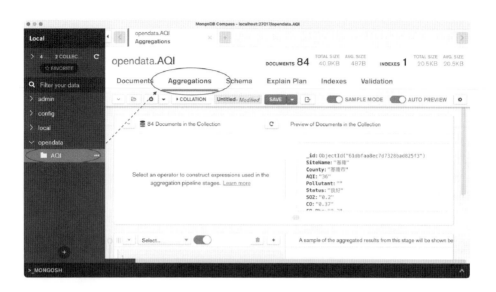

在 Aggregation 分頁提供的畫面中,有幾個操作必須先學會。按下「ADD STAGE」或「+」按鈕可以在 pipeline 中新增一個 stage。垃圾桶圖示為刪除 stage。Switch 開關可以 Enable 或 Disable 該 stage。每個 stage 最左上角的「|||」符號拖著上下移動可以改變 stage 順序。

知道這些基本操作後,接下來準備好 Python 範本,如下。其中變數 pipeline 之後會複製貼上從 Compass 過來的程式碼,這裡先填入一個空陣列即可。

```python
# Python 程式
import pymongo
from pprint import *

client = pymongo.MongoClient()
db = client.opendata

pipeline = []

cursor = db.AQI.aggregate(pipeline)
pprint(list(cursor))
```

若要在 MongoDB shell 中執行 aggregation，指令與參數與 Python 大同小異，先將指令準備好，函數名稱為 aggregate()，中間的空陣列內容之後會在 Compass 中產生。

```
# MongoDB shell
opendata> db.AQI.aggregate([])
```

4-3 新手必看

這個單元以各縣市平均 AQI 指標為範例，先讓第一次接觸的讀者對 pipeline 運作原理有基本瞭解。本節將會透過四個 stage 產生各縣市的平均 AQI 值，每個小節詳細介紹一個 stage 運作。由於 pipeline 中的各 stage 有順序性，因此接下來四個小節請依序閱讀，每一小節所需要的資料來源為上一小節的輸出。

在進入 pipeline 之前，建議先檢查一下 AQI 這個欄位的值是否有空字串出現，如果有，請將空字串改為 "-1"。會出現空字串的原因是因為該監測站故障，所以產生空字串資料，空字串在轉換成整數型態時會出現錯誤。可以透過下列指令將空字串改為 "-1"。

```
# MongoDB shell
opendata> db.AQI.updateMany(
    { 'AQI': '' },
    { '$set': { 'AQI': '-1' }}
)
```

4-3-1 Stage 1 - 新增欄位

新增欄位使用的 stage 名稱為「$addFields」。我們第一個 stage 要將 AQI 欄位的字串型態轉成 Int 型態後放到 iAQI 欄位中，iAQI 就是一個新增的欄位，是在原本資料表中沒有的，新增完也不會改變原始資料內容，新欄位的資料只暫存於記憶體中，執行完就沒有了。

開啟 Compass 的 Aggregations 分頁，在第一個 stage 的位置（如果畫面上沒有出現的話，按一下下方的「ADD STAGE」按鈕新增即可），然後選擇「$addFields」。

在左側填入下表「$addFields」欄位中內容，若一切正確，在右半邊視窗會立即看到 stage 產出的資料，仔細在右邊找一下，可以發現每筆資料都出現了 iAQI 這個欄位，並且數值為整數型態。我們將右半邊的輸出結果其中一筆放在下表的「輸出結果」欄位中，以截圖方式呈現。

$addFields 內容

```
{
  iAQI: {
    $toInt: '$AQI'
  }
}
```

輸出結果（其中一筆）

```
PM10_AVG: "30"
SO2_AVG: "2"
Longitude: "121.760056"
Latitude: "25.129167"
SiteId: "1"
ImportDate: "2022-02-15 20:28:02.460000"
iAQI: 52

↑ HIDE 2 FIELDS
```

上表顯示的指令與輸出結果在 Compass 的 Aggregations 頁面呈現如下，由於書本印刷不如螢幕截圖來得清晰，因此，之後在 Compass 中每一個 stage 要填的內容都會以上表的方式來呈現。

接下來說明「$addFields」填入的內容。iAQI 為新的欄位名稱，可以根據需要隨意修改，名稱前後的單引號或雙引號在這裡省略掉了。「$toInt」為型別轉換運算子，由運算子名稱就知道要轉成整數，前後的單引號或雙引號同樣也省略了。最後的 '$AQI' 表示要轉換成整數的欄位為 AQI，這裡的單引號或雙引號不可以省略，一旦省略，會讓

aggregation 認為 $AQI 是一個內建的系統函數，這當然是錯誤的。此外，
'$AQI' 中的「$」也不可以省略，一旦省略，代表要轉成整數的資料來源為字串 AQI，而不是 AQI 欄位內容，除了不會有任何資料產出外，還會得到錯誤訊息，因為字串 AQI 無法轉成整數。

如果右半邊視窗中的資料已經是我們要的結果，接下來點選「匯出」按鈕，然後選擇 Python 3 語言。

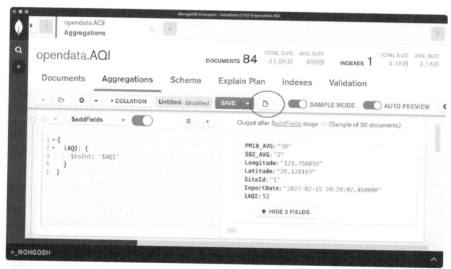

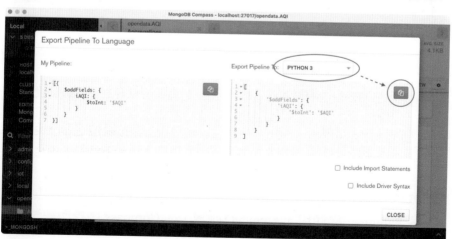

將程式碼複製貼上到 Python 中的 pipeline 變數就完成了，完整的程式
碼如下。

```
# Python 程式
import pymongo
from pprint import *

client = pymongo.MongoClient()
db = client.opendata

pipeline = [
    {
        '$addFields': {
            'iAQI': {
                '$toInt': '$AQI'
            }
        }
    }
]

cursor = db.AQI.aggregate(pipeline)
pprint(list(cursor))
```

執行看看，輸出結果會出現 iAQI 這個欄位，並且資料型態為整數，
如下。

```
# Output
[
    {
        ...
        'SiteName': '基隆',
        'iAQI': 52
    },
    ...
]
```

如果我們要在 MongoDB shell 中執行 aggregation 的 pipeline stage 指
令，跟 Python 一樣使用 aggregate() 函數，在 Compass 中複製語法時改
為複製左邊的 My Pipeline，如下圖。

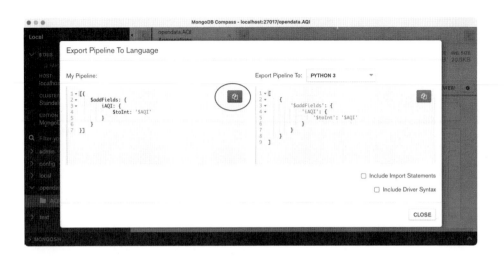

然後在 MongoDB shell 中貼到 aggreagte() 函數內，按 Enter 就可以看到執行結果了。

```
# MongoDB shell
opendata> db.AQI.aggregate([{$addFields: {
...   iAQI: {
.....    $toInt: '$AQI'
.....   }
... }}])
```

4-3-2 Stage 2 - 群組運算

群組運算就是先選取某個欄位，然後將該欄位中數值相同的資料群組在一起，然後對同一群中的某個欄位進行運算，例如計算各 County 中 AQI 的平均值。群組使用的 stage 為「$group」。想要做 AQI 平均值運算，資料一定要先經過上個單元產生 iAQI 這個欄位才行，否則原本的 AQI 欄位為字串型態，無法進行數學的平均值計算。也就是說，我們要得到各縣市的 AQI 平均值，至少需要兩個 stage，如下。

第一個 stage 在上一單元已詳細介紹過，不再贅述。 第二個 stage 為「$group」內容如下。

$group 內容

```
{
  _id: '$County',
  averageAQI: {
    $avg: '$iAQI'
  }
}
```

輸出結果（其中一筆）

_id: "新北市"
averageAQI: 52.23076923076923

「$group」會將 _id 欄位內容一樣的資料群組起來，所以我們只要將欄位 County 放到 _id 中，這樣「$group」就會把 County 名稱一樣的資料圈在一起。群組的目的是要計算 AQI 平均值，所以使用「$avg」運算子來計算各群組中 iAQI 欄位的平均值。現在輸出結果中出現的資料是經過兩個 stage 運算後的結果，averageAQI 欄位內容就是每個縣市 AQI 平均值了。若貼到 Python 中，程式碼如下，可以看到第一個 stage 為「$addFields」，第二個 stage 為「$group」。

```
# Python 程式
import pymongo
from pprint import *

client = pymongo.MongoClient()
db = client.opendata

pipeline = [
    {
        '$addFields': {
            'iAQI': {
                '$toInt': '$AQI'
            }
        }
    }
```

```
    }, {
        '$group': {
            '_id': '$County',
            'averageAQI': {
                '$avg': '$iAQI'
            }
        }
    }
]

cursor = db.AQI.aggregate(pipeline)
pprint(list(cursor))
```

如果想要計算全台灣的 AQI 平均值，只要將 _id 欄位給一個固定值就可以，例如 1 或是 null。

$group 內容

```
{
  _id: 1,
  averageAQI: {
    $avg: '$iAQI'
  }
}
```

輸出結果

_id: 1
averageAQI: 72.8452380952381

4-3-3 Stage 3 - 欄位顯示處理

「$project」主要的功能是挑選哪些欄位需要放在輸出結果中，此外，也可以順便調整一下該欄位的輸出格式，例如我們希望平均值可以只取整數部分，小數點以下四捨五入。所以將上一個 stage 的輸出結果使用「$round」運算子來四捨五入，如下。

$project 內容

```
{
  averageAQI: {
    $round: ['$averageAQI', 0]
  }
}
```

輸出結果（其中一筆）

_id: "苗栗縣"
averageAQI: 60

$round 語法後面必須接一個陣列型態資料，陣列中只有兩個元素，第一個元素是浮點數，第二個元素 0 表示只要整數部分，小數第一位四捨五入。檢查輸出結果，每筆的平均 AQI 數值都會是整數了。

4-3-4 Stage 4 - 排序

在最後這一個 stage 中，我們按照各縣市平均 AQI 數值，由小到大做排序，使用「$sort」這個 stage 來排序資料。語法很簡單，如下。若要由大到小做排序，將 1 改為 -1 即可。

$sort 內容

```
{
  averageAQI: 1
}
```

輸出結果（其中一筆）

_id: "宜蘭縣"
averageAQI: 42

經過這四個 stage，我們產出了各縣市平均 AQI 指標，並且按照數值由小到大做排序。將 Compass 中產生的 Python 程式碼複製到我們的

Python 中，結果如下。

```python
# Python 程式
import pymongo
from pprint import *

client = pymongo.MongoClient()
db = client.opendata

pipeline = [
    {
        '$addFields': {
            'iAQI': {
                '$toInt': '$AQI'
            }
        }
    }, {
        '$group': {
            '_id': '$County',
            'averageAQI': {
                '$avg': '$iAQI'
            }
        }
    }, {
        '$project': {
            'averageAQI': {
                '$round': [
                    '$averageAQI', 0
                ]
            }
        }
    }, {
        '$sort': {
            'averageAQI': 1
        }
    }
]
cursor = db.AQI.aggregate(pipeline)
pprint(list(cursor))

''' 輸出結果如下
```

```
[
  { _id: '宜蘭縣', averageAQI: 42 },
  { _id: '臺東縣', averageAQI: 46 },
  { _id: '花蓮縣', averageAQI: 48 },
  { _id: '臺北市', averageAQI: 52 },
  { _id: '新北市', averageAQI: 52 },
  { _id: '基隆市', averageAQI: 52 },
  { _id: '桃園市', averageAQI: 53 },
  …
  ,,,
```

4-3-5 存成 View

我們可以將好不容易設計出來的 pipeline 存成 View，一來可以將 pipeline 指令儲存在 MongoDB 中，二來在 Python 中的程式碼也不會揭露各個 stage 的細節內容（因為已經變成 View 了），三來使用 View 會比直接執行 pipeline 原始 stage 要來得快一點，因為少了原始 pipeline 解析的步驟。

在 Compass 中點選「SAVE」按鈕後選擇「Create a view」，然後給個 View 名稱，例如「vw_average_aqi」就儲存到 MongoDB 中了。

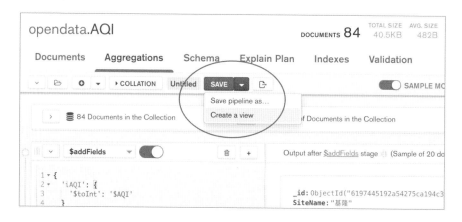

建立的 View 會呈現一個眼睛的圖案，若沒看到或圖示不是眼睛的圖示，重新整理一下畫面。

儲存的 View 在使用上就跟資料表的使用方式一樣，沒有任何差異。所以現在我們的 Python 程式碼就可以透過「vw_average_aqi」這個 View 來查詢各縣市平均 AQI 值，如下。

```python
# Python 程式
import pymongo
from pprint import *

client = pymongo.MongoClient()
db = client.opendata
cursor = db.vw_average_aqi.find()
pprint(list(cursor))
```

上述程式碼執行結果與上一節直接執行 pipeline 一模一樣，但這邊的程式碼非常簡短乾淨，而且也不會揭露太多 pipeline 的設計細節，因此，能使用 View 就盡量使用，百利而無一害。儲存的 View 可以再呼叫出來修改，如右圖。

4-3-6 存成其他格式

如果只是要將 pipeline 儲存起來，但不要變成 View，在前圖的「SAVE」按鈕按下後選擇「Save pipeline as...」，然後給一個名字就可以。

之後點選下圖圈出的按鈕就可以把儲存在 MongoDB 的 pipeline 再叫出來編輯或執行。

也可以點選下圖按鈕選擇存成外部的文字檔。

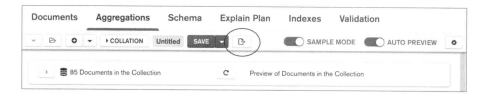

點選下圖左側的按鈕，將複製下來的程式碼貼到某個文字編輯器並存檔。

如果要讀取外部存檔的內容，只要用文字編輯器開啟外部檔案，然後複製貼上到「＋」號右邊的下拉箭頭，然後選擇「New Pipeline From Text」就可以了。

4-4 常用 Stage 介紹

4-4-1 桶型計算

「$bucket」用於桶型計算。桶型計算就是將資料按照特定範圍進行群組，通常用在數字型態的資料，例如計算全班成績 0-10 分有幾人、11-20 分有幾人、21-30 分有幾人…等，這就是常見的一種桶型計算。

這裡使用 AQI 資料做為來源資料，並且按照 AQI 數值所定義的污染程度來群組資料，需要兩個 stage 來完成。

Stage ① 選擇 opendata.AQI 資料表，將字串型態的 AQI 轉成整數型態放到 iAQI 欄位，此外，順便透過「$cond」條件判斷運算子

將故障觀測站的 AQI 值轉成 -1，原本是空字串。由於偶爾會
有觀測站故障的情況，要特別注意此種情形。

$addFields 內容

```
{
  iAQI: {
    $cond: {
      if: { $eq: ['$AQI', ''] },
      then: -1,
      else: { $toInt: '$AQI' }
    }
  }
}
```

輸出結果（其中一筆）

```
PM10_AVG: "30"
SO2_AVG: "2"
Longitude: "121.760056"
Latitude: "25.129167"
SiteId: "1"
ImportDate: "2022-02-15 20:28:02.460000"
iAQI: 52
```

⬆ HIDE 2 FIELDS

Stage 2 根據 AQI 的污染程度分類（網路上查的到），進行桶型計算。

$bucket 內容

```
{
  groupBy: '$iAQI',
  boundaries: [0, 51, 101, 151, 201, 301, 1000],
  default: 'error',
  output: {
    count: { $sum: 1 },
    location: {
```

```
    $push: {
     County: '$County',
     SiteName: '$SiteName',
     iAQI: '$iAQI'
    }
   }
  }
}
```

輸出結果（其中一筆）

```
 _id: 0
 count: 16
▼ location: Array
 ▼ 0: Object
    County: "新北市"
    SiteName: "土城"
    iAQI: 43
 ▼ 1: Object
    County: "新北市"
    SiteName: "板橋"
    iAQI: 50
 ▶ 2: Object
 ▶ 3: Object
```

「$bucket」參數頗多，但不難理解。groupBy 是決定要用哪個欄位進行群組；boundaries 設定群組區段，後面的陣列元素必須遞增排序，並且資料型態要一致。陣列中元素與元素間形成範圍區段，每個區段不包含結尾值，例如 0, 51 表示包含 0 但不包含 51，最後的 1000 隨意設定一個很大的數字即可。MongoDB 在最後一個數字其實可以填保留字 infinite，但因為無法轉成 Python 程式，所以這裡改填一個很大的數字。default 表示不在範圍內的其他數字，如果監測站故障，AQI 為-1 的資料就會落在 default 所指定的欄位中，所以 error 表示欄位名稱。參數 output 是希望輸出的資料，這裡輸出兩個欄位 count 與 location，欄位名稱可以自訂。欄位 count 用來計算該區間中有幾筆資料；欄位 location 透過「$push」運算子將原始資料的三個欄位放到陣列中。參數 output

可以省略，如果省略，會自動產生欄位 count，存放每個區段有多少筆
資料。

4-4-2 資料筆數

「$count」用來計算上一個 stage 輸出的資料筆數。只要給一個欄位名
稱即可，例如 total。選擇 opendata.AQI 資料表，範例如下。

$count 內容
`'total'`
輸出結果
`total:` 84

如果想要計算每個群組中的資料筆數，不能$group 後使用$count，因
為這兩個同屬於 pipeline stage，所以不可以放在同一個 stage 中使用，
必須使用$sum 運算子。例如以 AQI 資料為例，若要計算每個縣市有多
少空氣品質監測站，必須根據 County 欄位群組後使用$sum 計算每個
群組有幾筆資料，如下。輸出結果代表每個縣市有多少監測站，例如
臺北市有 7 個監測站。

$group 內容
| ```
{
  _id: '$County',
  count: {
    $sum: 1
  }
}
``` |
| **輸出結果（其中一筆）** |
| `_id:` "臺北市"
`count:` 7 |
```

4-4-3 依經緯度排序

「$geoNear」用在根據經緯度座標產生由近到遠的資料排序,使用這個 stage 有幾個條件:

1. 經緯度資料必須符合 GeoJSON 格式,點座標先放經度再放緯度, 例如 [Longitude, Latitude]。

2. 資料表必須建立經緯度座標索引。

3. 必須為 pipeline 的第一個為 stage。

4. 無法在 View 上使用。

檢視目前的 AQI 資料表雖然每筆資料已經包含了經緯度資訊,但不符合 GeoJSON 格式,所以要重新儲存一份符合 GeoJSON 格式的資料。可以用兩種方式將經緯度座標調整到正確格式,一種是從抓政府資料開放平臺的 Python 程式下去改,讓資料存進資料庫時就符合格式;另一種則是透過幾個 pipeline stage 建立一份符合經緯度格式的新資料表。這裡我們選擇後者,可以多一次熟悉 pipeline stage 的操作機會。總共需要三個 stage 來完成這個格式調整的工作。

Stage ① 選擇 opendata.AQI 資料表,將 AQI 中的經緯度欄位內容轉成 GeoJSON 格式。在 GeoJSON 中的欄位 coordinates 陣列先存放經度再存放緯度, 欄位 type 內容為 Point 表示 coordinates 的內容為一個座標點。GeoJSON 還有別的 type,例如 LineString 表示直線,或是 Polygon 表示幾何圖形...等,這部分請自行參考官方文件(https://docs.mongodb.com/manual/reference/geojson/)。

$addFields 內容

```
{
  geometry: {
    type: 'Point',
    coordinates: [
      { $toDouble: '$Longitude' },
      { $toDouble: '$Latitude' }
    ]
  }
}
```

輸出結果（其中一筆）

```
  SiteId: "1"
  ImportDate: "2022-02-15 20:28:02.460000"
▼ geometry: Object
    type: "Point"
  ▼ coordinates: Array
      0: 121.760056
      1: 25.129167

      ↑ HIDE 2 FIELDS
```

**Stage ② ** 為方便觀察，留下我們需要的欄位即可，其他欄位暫時移除。
最後只輸出 SiteName、County、AQI 與 geometry 這四個欄位，
順便將 AQI 轉成數字型態。

$project 內容

```
{
  _id: 0, County: 1, SiteName: 1,
  geometry: 1,
  AQI: { $toInt: '$AQI' }
}
```

輸出結果（其中一筆）

```
SiteName: "基隆"
County: "基隆市"
▼ geometry: Object
    type: "Point"
    ▼ coordinates: Array
        0: 121.760056
        1: 25.129167
AQI: 52
```

Stage ③ 將資料儲存至另一個資料表，這裡命名為 AQI_geo。

$out 內容

```
'AQI_geo'
```

輸出結果

Documents will be saved to the collection: 'AQI_geo'

The $out operator will cause the pipeline to persist the results to the specified location (collection, S3, or Atlas). If the collection exists it will be replaced. Please confirm to execute.

SAVE DOCUMENTS

點選第三個 stage 輸出結果的「SAVE DOCUMENTS」按鈕後重新整理一下 Compass 畫面，應該會看到 AQI_geo 資料表。點選 AQI_geo 資料表，然後在 geometry 欄位上建立型態為 2dsphere 索引（請參考第 8 章）。

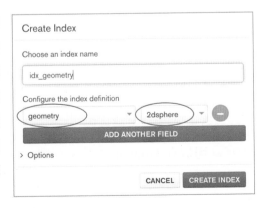

索引建立完畢後點選 Aggregations 頁面，現在可以針對 AQI_geo 資料表的經緯度資訊進行排序了，如下。

$geoNear 內容

```
{
  near: {
    type: 'Point',
    coordinates: [121.5466, 25.15532]
  },
  distanceField: 'distance',
  maxDistance: 5000,
  includeLocs: 'geometry',
  query: {
    County: { $in: ['臺北市', '新北市'] }
  }
}
```

輸出結果

```
_id: ObjectId("620bb060a4825d55ea1b2cea")
SiteName: "陽明"
County: "臺北市"
▸ geometry: Object
AQI: 49
distance: 3499.1523864049664
```

「$geoNear」的參數很多，說明如下。參數 near 為基準點座標，例如使用者目前所在的位置，最後的查詢結果會以距基準點的距離由近到遠進行排序。以上表的 [121.5466, 25.15532] 為例，此座標為陽明山遊客中心，可以在 Google 地圖中查到此座標點，如右圖。

參數 distanceField 存放與基準點間的距離，也就是遊客中心到這個監測站的距離，欄位名稱 distance 可自訂，單位為公尺，請對照輸出結果的最後一行。參數 maxDistance 設定搜尋最大範圍，單位為公尺，這裡設定搜尋距離遊客中心 5 公里內的資料，出來結果只有一筆，若改為 10 公里，則會出現三筆資料，分別為陽明、士林與淡水。參數 includeLocs 存放原本的經緯度座標資訊，欄位名稱可自訂，此參數為可選參數，意思是不加也可以，請對照輸出結果的 geometry 欄位。參數 query 用來設定搜尋條件，以目前查詢為例，只搜尋臺北市與新北市資料，若省略此參數代表搜尋全部資料。

下面為此 aggregate 在 Python 或 MongoDB shell 中執行後的輸出結果，距離陽明山遊客中心 10 公里範圍內的 AQI 監測站資料，並且由近到遠做排序。

```
# Output
[
  {
    _id: ObjectId("620bb060a4825d55ea1b2cea"),
    SiteName: '陽明',
    County: '臺北市',
    AQI: 49,
    geometry: { type: 'Point', coordinates: [ 121.529583, 25.182722 ] },
    distance: 3499.1523864049664
  },
  {
    _id: ObjectId("620bb060a4825d55ea1b2cb5"),
    SiteName: '士林',
    County: '臺北市',
    AQI: 44,
    geometry: { type: 'Point', coordinates: [ 121.515389, 25.105417 ] },
    distance: 6383.870946549611
  },
  {
    _id: ObjectId("620bb060a4825d55ea1b2cb4"),
    SiteName: '淡水',
```

```
    County: '新北市',
    AQI: 44,
    geometry: { type: 'Point', coordinates: [ 121.449239, 25.1645 ] },
    distance: 9862.928262711705
  }
]
```

4-4-4 限制與忽略

限制與忽略在查詢語法中也介紹過，功能一樣，只是用在 aggregation
中。「$limit」用來限制輸出的資料筆數，「$skip」則是先忽略前面幾
筆後再輸出。例如只取第一筆資料。以 opendata.AQI 資料表為例，作
法如下。

$limit 內容
1
輸出結果
_id: ObjectId("620b9e13cea65220acb31ddf") SiteName: "基隆" County: "基隆市" AQI: "52" Pollutant: "細懸浮微粒" Status: "普通" SO2: "6.1" CO: "0.45" CO_8hr: "0.3"

「$limit」與「$skip」都是 pipeline stage，因此，如果要顯示從第四筆
開始連續四筆資料，就必須使用兩個 stage，示意圖與 stage 如下。

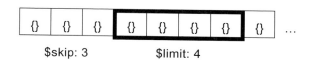

$skip: 3 $limit: 4

Stage **1** 先使用 $skip 忽略前三筆資料。

$skip 內容
3

Stage **2** 再使用 $limit 限制只取四筆資料。

$limit 內容
4

4-4-5 外部尋找

「$lookup」這個指令其實就是關連式資料庫的 left outer join。在 MongoDB 這種文本式資料庫架構中,本來一份資料原則上不會被拆成兩個資料表,所以在大部分的查詢其實用不到連結兩個資料表。但有的時候資料就是被拆成了兩個資料表,並且彼此之間還有關連,這時就會有連結資料表的需求出現了。

Left outer join 稱為左側外部連結,意思是兩個資料表中的某個欄位是有關連的,例如下圖資料表 1 的 fieldA 與資料表 2 的 fieldA 欄位有關連,但是資料表 1 的資料種類比資料表 2 多,意思是資料表 2 在 fieldA 的欄位內容上缺少了 3 號資料,此時使用左側外部連結(因為資料表 1 在資料表 2 的左邊)合併資料表 1 與資料表 2 後缺少的資料會以 NULL 形式填補,請參考資料表 3 此為連結後的結果。

fieldA	name
1	AAA
2	BBB
3	CCC

資料表 1

fieldA	value
1	10
2	20

資料表 2

fieldA	name	value
1	AAA	10
2	BBB	20
3	CCC	NULL

資料表 3

在 MongoDB 中「$lookup」的語法概念就是以資料表 1 為基準，將資料表 2 中 fieldA 欄位與資料表 1 中 fieldA 欄位內容一樣的資料連結到資料表 1，如果在資料表 2 中沒有找到對應的資料，就以空陣列填補

我們先新增兩筆資料到 opendata 資料庫的 forecast 資料表，這份資料記錄了每個區域的天氣狀況，其 SiteName 參考了 AQI 的 SiteName，換句話說在 forecast 資料表中的 SiteName 內容一定可以在 AQI 資料表的 SiteName 中找到，反之不成立。

```python
# Python 程式
import pymongo

client = pymongo.MongoClient()
db = client.opendata

db.forecast.insert_many([
    { 'SiteName': '淡水', 'Status': '晴天' },
    { 'SiteName': '新店', 'Status': '陰時多雲' }
])
```

在 AQI 資料表的 Aggregations 頁面建立 pipeline stage，如下。

Stage 1 選擇 opendata.AQI 資料表，輸入下列內容。

$lookup 內容
``{
from: 'forecast',
localField: 'SiteName',
foreignField: 'SiteName',
as: 'result'
}```

輸出結果（其中一筆）

```
SiteId: "10"
ImportDate: "2022-02-15 20:28:02.460000"
▼ result: Array
  ▼ 0: Object
      _id: ObjectId("61dad71f9d75b9c45b886f40")
      SiteName: "淡水"
      Status: "晴天"

      ↑ HIDE 2 FIELDS
```

這裡用到的幾個參數很容易理解，from 表示要尋找的資料表；localField 代表 AQI 資料表的欄位；foreignField 代表 forecast 資料表的欄位；as 用來存放在 forecast 中找到的資料。請自行檢查最後的輸出資料可以發現，只有淡水與新店的 result 欄位中有資料，其他地區的 result 中都是空陣列，如上表的輸出結果為淡水的這筆資料。

接下來可以用第二個「$match」stage 限制一下區域，以及第三個「$project」stage 顯示特定欄位，方便觀察「$lookup」後的結果。

Stage ②) 將區域限制在淡水、新店與萬里這三個地方即可。

$match 內容

```
{
  SiteName: { $in: ['新店', '淡水', '萬里'] }
}
```

Stage ③) 將不需要的欄位去除，方便察看結果。

$project 內容

```
{
  SiteName: 1, result: 1, _id: 0
}
```

輸出結果（其中一筆）

```
  SiteName: "新店"
▼ result: Array
  ▼ 0: Object
      _id: ObjectId("61dad71f9d75b9c45b886f41")
      SiteName: "新店"
      Status: "陰時多雲"
```

從第三個 stage 的輸出結果可以發現，新店與淡水的 result 欄位中都填入了資料，而萬里的 result 內容則是空陣列。若使用 Python 程式或 MongoDB shell 去執行這個 pipeline，可以看到下面這樣的結果。很明顯，萬里與其他兩個地區的 result 欄位內容是不一樣的。

```
# Output
[
  { SiteName: '萬里', result: [] },
  {
   SiteName: '新店',
   result: [
     {
      _id: ObjectId("61dad71f9d75b9c45b886f41"),
      SiteName: '新店',
      Status: '陰時多雲'
     }
   ]
  },
  {
   SiteName: '淡水',
   result: [
     {
      _id: ObjectId("61dad71f9d75b9c45b886f40"),
      SiteName: '淡水',
      Status: '晴天'
     }
   ]
  }
]
```

由於「$lookup」會將找到的資料整筆複製過來放到 result 欄位中，如果我們不需要將對方的所有欄位都連結進來，此時可以透過「$lookup」中的 pipeline 參數讓找到的資料先做些 aggregation 處理再複製過來。例如我們在 pipeline 參數的加上「$project」，讓連結進來的資料只有 Status 欄位，其他欄位都不要，如下。

$lookup 內容

```
{
  from: 'forecast',
  localField: 'SiteName',
  foreignField: 'SiteName',
  as: 'result',
  pipeline: [
    { $project: { _id: 0, Status: 1 } }
  ]
}
```

加上 pipeline 參數後，這時第三個 stage 的輸出在 result 欄位中就只剩下 Status 而已了，請見下面的輸出結果。

輸出結果（其中一筆）

```
  SiteName: "新店"
▼ result: Array
  ▼ 0: Object
      Status: "陰時多雲"
```

極端值查詢

若要查詢資料中最大、最小、最多、最少這類型的查詢稱為極端值查詢。極端值查詢很容易犯的錯誤就是資料並不是只有一筆時，所以這時將資料排序後再用 limit(1) 去限制資料筆數就會在資料不只一筆時出錯。正確作法應該使用 $lookup。

我們先透過 MongoDB shell 在資料庫中輸入下面四筆資料當成範例資料，目標是找出數量最多的顏色，所以正確答案應該是 red 與 yellow。

```
# MongoDB shell
test> db.color.insertMany([
    { _id: 'yellow', value: 5 },
    { _id: 'green', value: 3 },
    { _id: 'red', value: 5 },
    { _id: 'brown', value: 1 }
])
```

在 Compass 中找到 test 資料庫中的 color 資料表後點選 Aggregation 頁面。

Stage 1 使用 $group 群組後找出 value 的最大值，會找出 5，如下。

$group 內容
| ```
{
  _id: null,
  max_value: {
    $max: '$value'
  }
}
``` |
| **輸出結果** |
| **_id**: null
max_value: 5 |

Stage 2 拿最大值 5 去 color 資料表中尋找哪些資料的 value 是 5，這時會找出兩筆，yellow 與 red，就是正確答案。
```

$lookup 內容

```
{
  from: 'color',
  localField: 'max_value',
  foreignField: 'value',
  as: 'result'
}
```

輸出結果

```
  _id: null
  max_value: 5
▼ result: Array
  ▼ 0: Object
      _id: "yellow"
      value: 5
  ▼ 1: Object
      _id: "red"
      value: 5
```

如果要在 AQI 資料表中找出空氣品質最好或是最不好的地區，就要用極端值查詢這種作法，以避免極端值有兩筆以上資料時，沒有完整的查出所有資料。當然還有很多的場合會用到極端值查詢，例如搜尋哪個產品賣的最好或最不好，找出第一名的學生，找出降雨量最低的區域，這些都屬於極端值查詢，是用途很廣的一種查詢技巧。

4-4-6 設定查詢條件

「$match」是 aggregation 中的查詢條件設定。我們之前在查詢指令 find() 中可以設定查詢條件，讓最後結果不會包含全部資料。「$match」也是同樣的功能，只不過專門用在 aggregation 中。例如，想要知道 County 為臺中市的 AQI 平均值，三個 stage 可以這樣設計，如下。

Stage ① 選擇 opendata.AQI 資料表，限定 County 欄位只有臺中市。

$match 內容

```
{
  County: '臺中市'
}
```

輸出結果（其中一筆）

_id: ObjectId("620b9e13cea65220acb31dfa")
SiteName: "豐原"
County: "臺中市"
AQI: "67"
Pollutant: "細懸浮微粒"
Status: "普通"
SO2: "1.2"
CO: "0.3"
CO_8hr: "0.3"

Stage ② 產生整數型態的 iAQI 欄位。

內容

```
{
  iAQI: { $toInt: '$AQI' }
}
```

輸出結果（其中一筆）

PM10_AVG: "46"
SO2_AVG: "1"
Longitude: "120.741711"
Latitude: "24.256586"
SiteId: "28"
ImportDate: "2022-02-15 20:28:02.460000"
iAQI: 67

↑ HIDE 2 FIELDS

Stage ③ 群組後算平均值。

$group 內容

```
{
  _id: '$County',
  avergeAQI: {
    $avg: '$iAQI'
  }
}
```

輸出結果

```
_id: "臺中市"
avergeAQI: 66.6
```

順序與執行效率

現在我們調換一下這三個 stage 的順序，把「$match」移到最後一步，然後改一下「$match」的欄位名稱為_id。雖然三個 stage 的順序變了，但最後的結果不變。

$match 內容

```
{
  _id: '臺中市'
}
```

輸出結果

```
_id: "臺中市"
avergeAQI: 66.6
```

現在我們有兩種順序：（一）$match、$addFields、$group；（二）$addFields、$group、$match。雖然這兩種順序結果一樣，但執行效率卻大有不同。將 $match 放在第一個 stage 的執行效率會高於 $match 在

最後的，原因在於資料量在一開始的時候就縮小了，所以後面幾個 stage 所要處理的資料量相對就跟著比較少，記憶體需求也比較少，處理速度就會快。除此之外，MongoDB 限制每一筆資料最大記憶體使用量為 16MB，也就是說每一個 stage 的輸出結果最多只能 16MB。因此，能夠在一開始的時候先縮小資料量，就減少後面出現記憶體不足的機率。

除了「$match」可以減少資料筆數外，透過「$project」或「$unset」也可以減少不需要的欄位，對縮小資料量也同樣有幫助。所以這些能夠縮小資料量的 stage，應該盡量放在 pipeline 的前面才會對整個資料處理效能有幫助，放到後面就沒有效果了。

與運算式結合

「$match」可以透過「$expr」運算子來執行一個布林運算式。想像 $match 會透過迴圈檢視所有的資料，只要該筆資料的 $expr 傳回 true，就會列出該筆資料，如果傳回 false，該筆資料就不會在查詢結果中出現。例如下面這個查詢就會列出所有資料，如果改為 false，就不會出現任何資料。

$match 內容

```
{
  $expr: true
}
```

如果要列出 AQI 指數大於 100 的縣市資料，也可以這樣做。

$match 內容

```
{
  $expr: {
    $gte: [{ $toInt: '$AQI' }, 100]
  }
}
```

輸出結果（其中一筆）

```
_id: ObjectId("620b9e13cea65220acb31e0a")
SiteName: "善化"
County: "臺南市"
AQI: "103"
Pollutant: "細懸浮微粒"
Status: "對敏感族群不健康"
SO2: "2.2"
CO: "0.36"
CO_8hr: "0.3"
```

4-4-7 輸出到新資料表

「$out」可將上一個 stage 的結果複製到另外一個資料表中。注意若_id
相同的資料會被新的資料覆蓋掉。目的資料表或資料庫不需要事先建
立，不存在時 MongoDB 會自動先建立再複製資料。範例如下，如果要
將資料複製到同一個資料庫的另外一個資料表，例如將 opendata.AQI
複製到 opendata.AQI_backup。

$out 內容

```
'AQI_backup'
```

如果要儲存到另外一個資料庫，例如儲存到資料庫 backup 中的資料表
AQI，設定 db 與 coll 參數即可，語法如下。

$out 內容

```
{
  db: 'backup',
  coll: 'AQI'
}
```

4-4-8 文件修訂

「$redact」專門用來修剪文件內容。假設我們的文件內容如下，level
代表要看到資料的最低等級，數字越小，代表層級越高。另外，欄位
doc1、doc2 與 doc3 的內容都包含了子文件。

```
# MongoDB shell
test> db.classify.insertOne({
    'level': 3,
    'doc1': [
        { 'level': 3, 'name': 'David' },
        { 'level': 2, 'name': 'Tom' },
        { 'level': 3, 'name': 'Sonia' },
        { 'level': 1, 'name': 'Betty' }
    ],
    'doc2': { 'level': 1, 'name': 'Emma' },
    'doc3': { 'name': 'Bob'}
})
```

$redact 原則上會根據一個判斷式來決定是否要將文件中的每個子文件
都巡過一遍，然後決定該子文件在最終結果是否要留下或刪除。例如
下面這個簡單的例子，判斷式永遠傳回 true，所以文件中所有子文件
都會被尋一遍，最後會得到這份文件的所有文件。

$redact 內容

```
{
  $cond: {
    if: true,
    then: '$$DESCEND',
    else: '$$PRUNE'
  }
}
```

輸出結果

```
  _id: ObjectId("61dc456d19f28fa0aa51aff4")
  level: 3
▼ doc1: Array
  ▸ 0: Object
  ▸ 1: Object
  ▸ 2: Object
  ▸ 3: Object
▸ doc2: Object
▸ doc3: Object
```

上表「$redact」中的判斷式可以看到兩個系統變數：$$DESCEND 與
$$PRUNE，除此之外還有$$KEEP，這三個系統變數的說明如下。

系統變數名稱	說明
$$DESCEND	保留該子文件並且繼續檢查同層與內部其他的子文件
$$PRUNE	刪除這份子文件，然後繼續檢查同層的文件，但不會繼續檢查該層的子文件
$$KEEP	保留該層並且包含子文件所有內容，然後停止檢查子文件內容

如果這個查詢只能看到 level 3 的文件，條件判斷寫法如下。由於 $redact
的檢查是由最上層依序檢查到最內層，類似樹狀結構從 ROOT 開始往下
搜尋到葉子。所以最外層的 level 3 先通過檢查，然後呼叫 $$DESCEND
檢查內部的子文件，其實也就是遞迴搜尋。查詢結果只會有 David 與
Sonia 的資料。

$redact 內容

```
{
  $cond: {
    if: { $eq: ['$level', 3] },
    then: '$$DESCEND',
    else: '$$PRUNE'
  }
}
```

輸出結果

```
  _id: ObjectId("61dc456d19f28fa0aa51aff4")
  level: 3
▼ doc1: Array
  ▼ 0: Object
      level: 3
      name: "David"
  ▼ 1: Object
      level: 3
      name: "Sonia"
```

如果將判斷式改為 level 1，最後不會出現任何資料，因為在 ROOT 的位置就已經不合條件了，所以呼叫 $$PRUNE 剪掉這份文件，並且停止子文件的檢查，如下。

$redact 內容

```
{
  $cond: {
    if: { $eq: ['$level', 1] },
    then: '$$DESCEND',
    else: '$$PRUNE'
  }
}
```

輸出結果

No Preview Documents

若現在有一個 level 1 的最高權限使用者來查詢，理論上應該可以看到所有資料，這個判斷可以如下這樣設計。

$redact 內容

```
{
  $cond: {
    if: { $gte: ['$level', 1] },
    then: '$$DESCEND',
    else: '$$PRUNE'
  }
}
```

輸出結果

```
  _id: ObjectId("622db1a3c2740268be0bb022")
  level: 3
▼ doc1: Array
  ▼ 0: Object
      level: 3
      name: "David"
  ▼ 1: Object
      level: 2
      name: "Tom"
  ▼ 2: Object
      level: 3
      name: "Sonia"
  ▼ 3: Object
      level: 1
      name: "Betty"
▼ doc2: Object
    level: 1
    name: "Emma"
```

但請特別注意，只要在上層被檔掉，即使內層有符合條件的子文件，也會一併修剪掉。$redact 不是用類似全文檢索的方式來搜尋所有文件。這個概念很容易理解，若使用者有權限可以看到某個檔案內容，但該檔案放到了一個他沒有權限進去的資料夾時，這個檔案他就沒有權限開啟了。

4-4-9 文件取代

「$replaceWith」與「$replaceRoot」這兩個 stage 功能一樣，語法上只有參數名稱不同而已。文件取代的意思是將文件內容由該文件中的某個子文件取代。先插入兩筆資料當成範例資料來源，如下：

```
# MongoDB shell
test> db.test.insertOne({ 'records': {'location': 'A', 'size': 50 }})
test> db.test.insertOne({ 'records': {'location': 'B', 'size': 70 }})
```

現在我們將每筆資料的內容由 records 中的內容取代掉，相當於將 records 的內容拉到最上層 root 的位置。這裡使用「$replaceWith」，語法很簡單，直接填入子文件所在的欄位名稱即可，如下。

$replaceWith 內容
'$records'
輸出結果（其中一筆）
location: "A" size: 50

若使用「$replaceRoot」時，必須加上 newRoot 參數，如下。

$replaceRoot 內容

```
{
  newRoot: '$records'
}
```

輸出結果（其中一筆）

```
location: "A"
size: 50
```

不論是用「$replaceWith」或「$replaceRoot」，現在每筆資料的內容已由 records 欄位中的資料取代了，實際輸出結果如下。

```
# Output
[
    { 'location': 'A', 'size': 50 },
    { 'location': 'B', 'size': 70 }
]
```

4-4-10 新增與移除欄位

「$set」用來新增欄位，功能與「$addFields」一樣；「$unset」用來移除欄位，功能與「$project」一樣。如果新增的欄位名稱已經存在於資料表中，則相當於修改該欄位的值。這個例子會使用 opendata.AQI 資料表，我們之前使用「$addFields」來增加 iAQI 欄位，這裡改用「$set」，並且直接將原本 AQI 的數字型態轉型為整數型態。

$set 內容

```
{
  AQI: { $toInt: '$AQI' }
}
```

輸出結果（其中一筆）

```
_id: ObjectId("620b9e13cea65220acb31ddf")
SiteName: "基隆"
County: "基隆市"
AQI: 52
Pollutant: "細懸浮微粒"
Status: "普通"
SO2: "6.1"
CO: "0.45"
CO_8hr: "0.3"
```

當然也可以使用「$addFields」，效果一樣。

$addFields 內容

```
{
  AQI: { $toInt: '$AQI' }
}
```

輸出結果（其中一筆）

```
_id: ObjectId("620b9e13cea65220acb31ddf")
SiteName: "基隆"
County: "基隆市"
AQI: 52
Pollutant: "細懸浮微粒"
Status: "普通"
SO2: "6.1"
CO: "0.45"
CO_8hr: "0.3"
```

「$unset」用來移除欄位，例如不需要 SiteName 這個欄位時，如下。
此外，SiteName 前後的引號不可省略。一開始選到「$unset」stage 時，
Compass 會在左邊輸入框中先產生左右大括號，請刪除它們。

$unset 內容

'SiteName'

輸出結果（其中一筆）

```
_id: ObjectId("620b9e13cea65220acb31ddf")
County: "基隆市"
AQI: "52"
Pollutant: "細懸浮微粒"
Status: "普通"
SO2: "6.1"
CO: "0.45"
CO_8hr: "0.3"
O3: "34.8"
```

如果要移除兩個以上的欄位，只要將欄位名稱放到陣列中即可，例如不要顯示 _id、SiteName 與 Pollutant。

$unset 內容

['_id', 'SiteName', 'Pollutant']

輸出結果（其中一筆）

```
County: "基隆市"
AQI: "52"
Status: "普通"
SO2: "6.1"
CO: "0.45"
CO_8hr: "0.3"
O3: "34.8"
O3_8hr: "40"
PM10: "26"
```

在資料的欄位很多但輸出時想要的欄位很少時，「$unset」並沒有比「$project」來得方便，例如輸出資料只要 SiteName 與 AQI 這兩個欄位時，「$unset」就必須在陣列中添加所有不需要出現的欄位，如下。

$unset 內容

```
[
  '_id', 'County', 'Pollutant', 'Status',
  'SO2', 'CO', 'CO_8hr', 'O3', 'O3_8hr',
  'PM10', 'PM2_5', 'NO2', 'NOx', 'NO',
  'WIND_SPEED', 'WIND_DIREC',
  'PublishTime', 'PM2_5_AVG', 'PM10_AVG',
  'SO2_AVG', 'Longitude', 'Latitude',
  'SiteId', 'ImportDate'
]
```

輸出結果（其中一筆）

```
SiteName: "基隆"
AQI: "52"
```

4-4-11 與其他資料結合

「$unionWith」用來將目前的結果與另外一個資料表或另外一個 aggregation 的結果結合起來後一起輸出。例如，我們想要查詢全台 AQI 指標最高與最低的兩個地方，就可以使用這個函數來處理。這裡假設最高值與最低值都各只有一個區域，這樣說明起來比較簡單。總共需要四個 stage 才能完成。

Stage ① 選擇 opendata.AQI 資料表，將 AQI 型態由字串轉成整數。

$addFields 內容

```
{
  iAQI: { $toInt: '$AQI' }
}
```

輸出結果（其中一筆）

```
PM10_AVG: "30"
SO2_AVG: "2"
Longitude: "121.760056"
Latitude: "25.129167"
SiteId: "1"
ImportDate: "2022-02-15 20:28:02.460000"
iAQI: 52
```

↑ HIDE 2 FIELDS

Stage ② 根據 iAQI 值做順向排序。

$sort 內容

```
{
  iAQI: 1
}
```

Stage ③ 取第一筆。現在出來的資料是 AQI 最低的。

$limit 內容

```
1
```

Stage ④ 使用「$unionWith」並結合其中的 pipeline 參數計算 AQI 最高的資料。Pipeline 的內容跟前三個 stage 一樣，只不過排序方式改為反向排序。最後的輸出結果應該就只剩下兩筆資料了，第一筆為 AQI 最低的區域，第二筆為 AQI 最高的區域。

$unionWith 內容

```
{
  coll: 'AQI',
```

```
pipeline: [
    { $addFields: { iAQI: { $toInt: '$AQI' }}},
    { $sort: { iAQI: -1 }},
    { $limit: 1 }
  ]
}
```

輸出結果（共兩筆資料）

_id: ObjectId("620b9e13cea65220acb31e20")
SiteName: "冬山"
County: "宜蘭縣"
AQI: "39"
Pollutant: ""
Status: "良好"
SO2: "0.8"
CO: "0.23"
CO_8hr: "0.2"

_id: ObjectId("620b9e13cea65220acb31e10")
SiteName: "鳳山"
County: "高雄市"
AQI: "127"
Pollutant: "細懸浮微粒"
Status: "對敏感族群不健康"
SO2: "3.5"
CO: "0.91"
CO_8hr: "1"

如果要合併的資料僅是另外一個資料表的全部資料，則可以省略 pipeline 參數，或是只要填入資料表名稱即可，如下。

$unionWith 內容

```
'another_collection'
```

4-4-12 陣列解構

若某欄位為陣列型態，可以透過「$unwind」將該陣列解構。先在
MongoDB 中新增一筆資料，如下，然後解構欄位 size，解構後的資料
會變成三筆。

```
# MongoDB shell
test> db.test.insertOne({ name: '襯衫', size: ['S', 'M', 'L'] })
```

$unwind 內容
'$size'
輸出結果（其中一筆）
_id: ObjectId("620c3f638117099cb00ec57e") **name:** "襯衫" **size:** "S"

在 MongoDB shell 中下指令執行這個 aggregation，就可以清楚的看到
一筆資料現在變成了三筆，原本的 size 陣列已經消失不見，陣列中每
個元素已經跟其他欄位資料合併了。

```
# MongoDB shell
test> db.test.aggregate([{ $unwind: '$size' }])
# Output
[
  { _id: ObjectId("620c3f638117099cb00ec57e "), name: '襯衫', size: 'S' },
  { _id: ObjectId("620c3f638117099cb00ec57e "), name: '襯衫', size: 'M' },
  { _id: ObjectId("620c3f638117099cb00ec57e"), name: '襯衫', size: 'L' }
]
```

如果想要知道解構後的資料是在原本陣列中的哪個位置，可以加上參
數 includeArrayIndex，後面接欄位名稱，內容為該筆資料原先在陣列
中的索引值。例如 size: "S" 這筆資料的 index 欄位內容為 0，表示陣列
解構前，"S" 位於陣列索引值 0 的位置。

$unwind 內容

```
{
  path: '$size',
  includeArrayIndex: 'index'
}
```

輸出結果（其中一筆）

```
_id: ObjectId("620c3f638117099cb00ec57e")
name: "襯衫"
size: "S"
index: 0
```

4-5 常用運算子

MongoDB 提供了許多運算子可以讓我們對資料做各種不同的處理，而這裡的運算子其實比較像是函數，可以透過參數設定讓運算結果有不同的變化。運算子很多，這個單元僅介紹常用的，其餘運算子，請讀者自行至官網查詢，網址為 https://docs.mongodb.com/manual/reference/operator/aggregation/。

不同的運算子都有特定要處理的資料類型，因此請讀者留意接下單元中每個運算子的「資料」部分，請透過 MongoDB shell 或是 Python 程式輸入這些資料。「輸出」部分可在 MongoDB shell 或 Python 執行 aggregate() 函數後看到結果。

4-5-1 數學運算

$add、$subtract、$multiply、$divide

用途：對數字進行加、減、乘、除運算。

語法：

```
{ $add: [ <expression1>, <expression2>, ... ] }
{ $subtract: [ <expression1>, <expression2> ] }
{ $multiply: [ <expression1>, <expression2>, ... ] }
{ $divide: [ <expression1>, <expression2> ] }
```

資料：

```
{ value: 10.3 }
```

範例：

$project 內容
```{   newValue: { $add: ['$value', 5, 3] } }```
輸出結果
_id: ObjectId("620c44388117099cb00ec57f") **newValue:** 18.3

說明：在 MongoDB 中若要將欄位內容進行數學運算，例如四則運算，必須使用特定的數學運算子，不能像其他程式語言一樣直接使用「+」、「-」、「*」、「/」符號，例如{ newValue: '$value' + 5 + 3 }，這在 MongoDB 中是錯誤語法。

輸出：

```
[ { _id: ObjectId("620c44388117099cb00ec57f"), newValue: 18.3 } ]
```

$round

用途：四捨五入。

語法：

```
{ $round: [<number>, <place>] }
```

資料：

```
[ { value: 1.52 },
  { value: 3.27 } ]
```

範例：

$project 內容
| ```
{
  value: { $round: ['$value', 0] },
  _id: 0
}
``` |
| **輸出結果（其中一筆）** |
| **value:** 2 |

解說：$round 後方陣列中的數字 0 表示小數第一位要四捨五入；若要留下小數一位，且小數第二位四捨五入，則將數字 0 改為 1 即可。

輸出：

```
[ { value: 2 }, { value: 3 } ]
```
```

$sum

用途：陣列中各元素值加總或自訂陣列中各元素值加總。

語法：

```
{ $sum: <expression> } 或 { $sum: [<expression1>, <expression2> …] }
```

資料：

```
[ { name: 's1', history: [25, 20, 31], current: 21 },
  { name: 's2', history: [31, 35], current: 27 } ]
```

範例：

$project 內容

```
{
  sumOfHistory: { $sum: '$history' },
  newCurrent: { $sum: ['$current', -5.7] },
  _id: 0
}
```

輸出結果（其中一筆）

```
sumOfHistory: 76
newCurrent: 15.3
```

解說：欄位 sumOfHistory 為陣列內容加總，newCurrent 為 current 欄位值與 -5.7 加總（相當於減 5.7）。newCurrent 後方的陣列稱為自訂陣列。

輸出：

```
[
  { sumOfHistory: 76, newCurrent: 15.3 },
  { sumOfHistory: 66, newCurrent: 21.3 }
]
```

$avg

用途：計算陣列中各元素平均值或自訂陣列中各元素平均值。

語法：

{ $sum: <expression> } 或 { $sum: [<expression1>, <expression2> …] }

資料：

```
[ { name: 's1', history: [25, 20, 31], current: 21 },
  { name: 's2', history: [31, 35], current: 27 } ]
```

範例：

$project 內容
```{   avgOfHistory: { $avg: '$history' },   newCurrent: { $avg: ['$current', -10] },   _id: 0 }```
輸出結果（其中一筆）
avgOfHistory: 25.333333333333332 **newCurrent:** 5.5

解說：欄位 avgOfHistory 為陣列內容平均，avgCurrent 為 current 欄位與 -10 加總後的平均值。

輸出：

```
[
  { avgOfHistory: 25.333333333333332, avgCurrent: 5.5 },
  { avgOfHistory: 33, avgCurrent: 8.5 }
]
```

如果希望輸出值只取小數一位，第二位四捨五入，可以再加上一個
「$project」stage，然後對各欄位值進行「$round」運算即可。

$project 內容

```
{
  avgOfHistory: { $round: ['$avgOfHistory', 1] },
  newCurrent: { $round: ['$newCurrent', 0] }
}
```

輸出結果（其中一筆）

avgOfHistory: 25.3
newCurrent: 6

$ceil、$floor

用途：給定一個值，$ceil 傳回比給定值大的最小整數；$floor 傳回比
給定值小的最大整數。

語法：

```
{ $ceil: <number> }、{ $floor: <number> }
```

資料：

```
[ { value: 4 }, { value: 2.3 }, { value: -5.4 } ]
```

範例：

$project 內容

```
{
  _id: 0,
  value: 1,
  cellValue: { $ceil: '$value'},
```

```
      floorValue: { $floor: '$value' }
    }
```

輸出結果（其中一筆）

```
value: 4
cellValue: 4
floorValue: 4
```

說明：cell 是天花板，floor 是地板的意思。所以 $cell 取大於給定值的最小整數，$floor 取小於給定值的最大整數。如果給定值已經是整數，則 $cell 與 $floor 的傳回值與給定值一樣。

輸出：

```
[
  { value: 4, ceilValue: 4, floorValue: 4 },
  { value: 2.3, ceilValue: 3, floorValue: 2 },
  { value: -5.4, ceilValue: -5, floorValue: -6 }
]
```

4-5-2 字串處理

$strlenCP、$strlenBytes

用途：$strlenCP 計算字串中有多少個字；$strlenBytes 計算字串長度為多少 bytes。

語法：

```
{ $strLenCP: <string expression> }、{ $strLenBytes: <string expression> }
```

資料：

```
{ s: 'Hi🐱🐶，大家好' }
```

範例：

$project 內容

```
{
  _id: 0,
  strLenCP: { $strLenCP: '$s' },
  strLenBytes: { $strLenBytes: '$s' }
}
```

輸出結果（其中一筆）

```
strLenCP: 8
strLenBytes: 22
```

說明：字串「Hi👨👩，大家好」總共有 8 個字，包含英文、中文與表情符號。這個字串的長度為 22 bytes，因為英文佔 1 byte，表情符號佔 4 bytes，中文佔 3 bytes。

輸出：

```
[
  {
    strlenCP: 8,
    strlenBytes: 22
  }
]
```

$trim、$ltrim、$rtrim

用途：字串去空白。空白包含了 Space、Tab、換行、以及 Unicode 中的各種空白…等。$trim 為字串前後去空白，$ltrim 為左側去空白，$rtrim 為右側去空白。

語法：

```
{ $trim: { input: <string>, chars: <string> } }
```

資料：

```
{ str: ' \t   abc \n ' }
```

範例：

$project 內容
```{ _id: 0, ltream: { $ltrim: { input: '$str' } }, rtream: { $rtrim: { input: '$str' } }, tream: { $trim: { input: '$str' } },}```
輸出結果
ltream: "abc   " rtream: "   abc" tream: "abc"

說明：參數 chars 設定時用來去除字串前後的非空白字元，例如設定
「chars: 'xy'」時，字串前後只要有 x 或 y 字元都會刪除。省略此參數
時會刪除字串頭尾的空白符號。

輸出：

```
[{
   ltream: 'abc \n ',
   rtream: ' \t   abc',
   tream: 'abc'
}]
```

$split

用途：字串分割，分割出來的結果為字串陣列。

語法：

```
{ $split: [ <string expression>, <delimiter> ] }
```

資料：

```
{ s: '10,20,30' }
```

範例：

$project 內容

``
{
  _id: 0,
  result: { $split: ['$s', ','] }
}
``

輸出結果

▼ **result**: Array
     0: "10"
     1: "20"
     2: "30"

說明：將字串 '10,20,30' 從「,」切開，切出來的結果會以陣列形式傳回。

輸出：

```
[
  {
    result: [ '10', '20', '30' ]
  }
]
```

$substrCP

用途：取子字串。

語法：

```
{ $substrCP: [ <string expression>, <code point index>, <code point count> ] }
```

資料：

```
{ s: 'Hi🐱🐶，大家好' }
```

範例：

$project 內容
```{ _id: 0, result: { $substrCP: ['$s', 0, 3] }}```
輸出結果
result: "Hi🐱"

說明：MongoDB 提供的取子字串運算子中最常用的當屬 $substrCP。這個運算子不論字串內容是英文、數字，中文、日文、阿拉伯文或表情符號，都能夠處理。

$substrCP 後方固定放一個有三個元素的陣列。這三個元素分別是：原始字串；起始索引值；長度。以這個範例而言，相當於從原本字串索引值 0 的位置（也就是第一個字 H）連續取 3 個字，結果就是 Hi🐱。

輸出：

```
[ { result: 'Hi🐱' } ]
```

$concat

用途：字串合併。

語法：

```
{ $concat: [ <expression1>, <expression2>, ... ] }
```

資料：

```
{ s1: 'hello', s2: 'world' }
```

範例：

$project 內容
``{
_id: 0,
result: { $concat: ['$s1', ' <--> ', '$s2'] }
}```
輸出結果
result: "hello <--> world"

說明：將 $concat 運算子後面的字串陣列內容，依序合併成一個字串後輸出。

輸出：

```
[
  result: 'hello <--> world' }
]
```

4-5-3 條件判斷

$cond

用途：為 if-then-else 形式的條件判斷式。

語法：

```
{ $cond: { if: <判斷式>, then: <true-case>, else: <false-case> } }
```

或

```
{ $cond: [ <判斷式>, <true-case>, <false-case> ] }
```

資料：

```
[ { name: 's1', score: 70 },
  { name: 's2', score: 93 },
  { name: 's3', score: 45 } ]
```

範例：

$project 內容

```
{
  _id: 0,
  name: 1,
  score: 1,
  status: {
    $cond: {
      if: { $gte: ['$score', 60] },
      then: 'pass',
      else: 'fail'
    }
  }
}
```

輸出結果（其中一筆）

```
name: "s1"
score: 70
status: "pass"
```

解說：若成績大於 60 分時，標記「pass」，否則標記「fail」。

輸出：

```
[
  { name: 's1', score: 70, status: 'pass' },
  { name: 's2', score: 93, status: 'pass' },
  { name: 's3', score: 45, status: 'fail' }
]
```

$ifNull

用途：若欄位內容為 null，最後輸出時可用別的資料取代。

語法：

```
{ $ifNull: [<expression1>, <expression2> …
<replacement-expression-if-null>] }
```

資料：

```
{ name: 'Tom', email: null, tel: null }
```

範例：

$project 內容

```
{
  _id: 0,
  name: 1,
  email: { $ifNull: ['$email', 'unknown'] },
  tel: { $ifNull: ['$tel', 'unknown'] }
}
```

> **輸出結果**
>
> **name:** "Tom"
> **email:** "unknown"
> **tel:** "unknown"

解說： 通常資料庫中儲存的資料帶有大量的 null，建議查詢時都使用此函數給一個非 null 的預設值再輸出，以避免客戶端解析 JSON 時出錯。

輸出：

```
[ { name: 'Tom', email: 'unknown', tel: 'unknown' } ]
```

$switch

用途： 多條件判斷，相當於許多程式語言中的 switch-case 語法。

語法：

```
$switch: {
  branches: [
    { case: <expression>, then: <expression> },
    { case: <expression>, then: <expression> },
    ...
  ],
  default: <expression>
}
```

資料：

```
[ { cart: [100] },
  { cart: [200, 400] },
  { cart: [500, 200, 300] },
  { cart: [300, 700, 500, 500] } ]
```

範例：

這裡需要使用兩個 pipeline stage。

Stage ① 在「$project」stage 中使用「$size」運算子計算陣列中元素個數後放到 amount 欄位。

$project 內容

```
{
  _id: 0,
  cart: 1,
  amount: { $size: '$cart' }
}
```

輸出結果（其中一筆）

```
▼ cart: Array
    0: 100
  amount: 1
```

Stage ② 將陣列中的數值加總，並根據陣列中元素個數乘上一個比重。

$project 內容

```
{
  amount: 1,
  origin: { $sum: '$cart' },
  total: {
    $switch: { branches: [
      { case: { $eq: ['$amount', 1] },
        then: { $sum: '$cart' }},

      { case: { $eq: ['$amount', 2] },
        then: { $multiply: [{ $sum: '$cart' }, 0.9 ] }},

      { case: { $gte: ['$amount', 3] },
```

```
            then: { $multiply: [{ $sum: '$cart' }, 0.8 ] }}
        ]
      }
    }
}
```

輸出結果（其中一筆）

```
amount: 3
origin: 1000
total: 800
```

解說：這份資料模擬電子商務網站常見的購物車系統。陣列中各元素為各商品的購買金額，元素數量相當於購買件數。若購買件數為一件，結帳金額為原價；購買數量為兩件時，結帳金額為原價打 9 折；若購買數量大於三件時，結帳金額為原價打 8 折。

輸出：

```
[
  { amount: 1, origin: 100, total: 100 },
  { amount: 2, origin: 600, total: 540 },
  { amount: 3, origin: 1000, total: 800 },
  { amount: 4, origin: 2000, total: 1600 }
]
```

05

Chapter

陣列查詢

5-1 陣列元素非子文件時

請執行以下這段 Python 程式，新增四筆資料作為這一節需要的資料來源。程式碼中會將原本資料表 course 整個移除才新增資料。

```python
# Python 程式
import pymongo

client = pymongo.MongoClient()
db = client.test

db.course.drop()
db.course.insert_many([
    {
        'student': 'S1',
        'courseList': ['機率', '音樂欣賞']
    },
```

```
    {
        'student': 'S2',
        'courseList': ['物理', '機率', '音樂欣賞']
    },
    {
        'student': 'S3',
        'courseList': ['物理', '音樂欣賞']
    },
    {
        'student': 'S4',
        'courseList': ['微積分', '電子學']
    }
])
```

5-1-1 列出陣列中的元素個數

想要知道陣列中的元素個數，在 aggregation 中使用 $size 運算子，如下。

$addFields 內容

``
{
  size: { $size: '$courseList' }
}
``

輸出結果（其中一筆）

_id: ObjectId("620b1f88d6e9cd2ed2993c39")
  student: "S1"
▼ **courseList:** Array
    0: "機率"
    1: "音樂欣賞"
  size: 2

接下來的 stage 就可以列出修課數量超過多少門以上的學生資料了，例如修課三門以上的學生，會得到 S2。

$match 內容

```
{
  size: { $gte: 3 }
}
```

輸出結果

```
  _id: ObjectId("620b1f88d6e9cd2ed2993c3a")
  student: "S2"
▼ courseList: Array
    0: "物理"
    1: "機率"
    2: "音樂欣賞"
  size: 3
```

5-1-2 單一元素符合

查詢有修機率的學生，查詢結果為 S1 與 S2。

```
# MongoDB shell
test> db.course.find({ courseList: '機率' })
# Output
[
  {
    _id: ObjectId("620b1f88d6e9cd2ed2993c39"),
    student: 'S1',
    courseList: [ '機率', '音樂欣賞' ]
  },
  {
    _id: ObjectId("620b1f88d6e9cd2ed2993c3a"),
    student: 'S2',
    courseList: [ '物理', '機率', '音樂欣賞' ]
  }
]
```

5-1-3 多元素符合

查詢同時修物理與音樂欣賞這兩門課的學生。特別注意，如果查詢條件使用 ['物理', '音樂欣賞'] 是錯誤的搜尋方式，因為這是在 courseList 陣列中尋找完全一樣包含排序也一樣的內容，因此會找不到任何一筆資料。正確作法有幾種，分述如下。

● 使用$all 運算子

```
# MongoDB shell
test> db.course.find({ courseList: { $all: ['音樂欣賞', '物理'] }})
# Output
[
  {
    _id: ObjectId("620b1f88d6e9cd2ed2993c3a"),
    student: 'S2',
    courseList: [ '物理', '機率', '音樂欣賞' ]
  },
  {
    _id: ObjectId("620b1f88d6e9cd2ed2993c3b"),
    student: 'S3',
    courseList: [ '物理', '音樂欣賞' ]
  }
]
```

● 使用$and 運算子

```
# MongoDB shell
test> db.course.find({
    $and: [
        {courseList: '物理'},
        {courseList: '音樂欣賞'}
    ]
})
```

如果將 $and 改為 $or，就相當於查詢修課清單中只要有物理或者音樂欣賞的就符合條件，這樣 S1、S2 與 S3 都符合這個條件。

```
# MongoDB shell
test> db.course.find({
    $or: [
        {courseList: '物理'},
        {courseList: '音樂欣賞'}
    ]
})
# Output
[
  {
    _id: ObjectId("620b1f88d6e9cd2ed2993c39"),
    student: 'S1',
    courseList: [ '機率', '音樂欣賞' ]
  },
  {
    _id: ObjectId("620b1f88d6e9cd2ed2993c3a"),
    student: 'S2',
    courseList: [ '物理', '機率', '音樂欣賞' ]
  },
  {
    _id: ObjectId("620b1f88d6e9cd2ed2993c3b"),
    student: 'S3',
    courseList: [ '物理', '音樂欣賞' ]
  }
]
```

5-1-4 集合運算

陣列查詢非常適合透過集合運算子來尋找符合的陣列，例如將上一節查詢同時修物理與音樂欣賞這兩門課的學生，改由集合運算子 $setIsSubset（判斷是否為子集合）來查詢。這種查詢方式必須在 aggregation 中使用。查詢結果為 S2 與 S3 符合查詢條件。

$match 內容

```
{
  $expr: {
    $setIsSubset: [['物理', '音樂欣賞'], '$courseList']
  }
}
```

輸出結果（其中一筆）

```
  _id: ObjectId("620b1f88d6e9cd2ed2993c3a")
  student: "S2"
▼ courseList: Array
    0: "物理"
    1: "機率"
    2: "音樂欣賞"
  size: 3
```

若要查詢沒有修音樂欣賞的學生，可以透過差集運算得到。下方這個查詢的邏輯相當於檢查「(集合 A – 集合 B) == 集合 A」。$expr 運算子請見第 4 章中的設定查詢條件單元，有詳細解釋。

$match 內容

```
{
  $expr: {
    $setEquals: [
      { $setDifference: ['$courseList', ['音樂欣賞']] }, '$courseList'
    ]
  }
}
```

輸出結果

```
  _id: ObjectId("620b1f88d6e9cd2ed2993c3c")
  student: "S4"
▼ courseList: Array
    0: "微積分"
    1: "電子學"
  size: 2
```

集合運算子

對集合運算有了初步的認識後，接下來說明 MongoDB 有哪些集合運算子。MongoDB 總共有五個集合運算子，請先輸入下面這筆資料作為範例資料來源。

```
# MongoDB shell
test> db.set.insertOne({
    s1: [1, 2, 3],
    s2: [2, 3, 4],
    s3: [1, 2],
    s4: [2, 1]
})
```

● $setDifference：差集

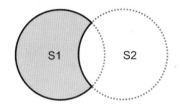

說明：兩個集合相減，例如 s1 減 s2 或 s2 減 s1，上圖為 s1 減 s2。

範例：

```
# MongoDB shell
test> db.set.aggregate([
   { $project: { result: { $setDifference: [ '$s1', '$s2' ] }, _id: 0 }}
])
# Output
[ { result: [ 1 ] } ]
```

```
# MongoDB shell
test> db.set.aggregate([
    { $project: { result: { $setDifference: [ '$s2', '$s1' ] }, _id: 0 }}
])
# Output
[ { result: [ 4 ] } ]
```

● $setEquals：是否相等

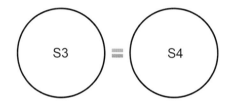

說明：判斷兩個集合中的元素是否完全一樣。

範例：

```
# MongoDB shell
test> db.set.aggregate([
    { $project: { result: { $setEquals: [ '$s3', '$s4' ] }, _id: 0 }}
])
# Output
[ { result: true } ]
```

● $setIsSubset：是否為子集合

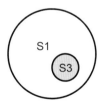

說明：判斷集合中的所有元素是否在另外一個集合中都可以找到，以
上圖為例，s3 中的元素在 s1 都可以找到。

範例：

```
# MongoDB shell
test> db.set.aggregate([
    { $project: { result: { $setIsSubset: [ '$s3', '$s1' ] }, _id: 0 }}
])
# Output
[ { result: true } ]
```

● $setIntersection：交集

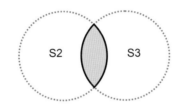

說明：傳回兩個集合中都有的元素。

範例：

```
# MongoDB shell
test> db.set.aggregate([
    { $project: { result: { $setIntersection: [ '$s2', '$s3' ] }, _id:
0 }}
])
# Output
[ { result: [ 2 ] } ]
```

● $setUnion：聯集

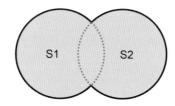

說明：傳回兩個集合相加後的結果，若有重複的元素只會只留下一個。

範例：

```
# MongoDB shell
test> db.set.aggregate([
    { $project: { result: { $setUnion: [ '$s1', '$s2' ] }, _id: 0 }}
])
# Output
[ { result: [ 1, 2, 3, 4 ] } ]
```

5-2 陣列元素為子文件時

請執行以下這段 Python 程式，新增四筆資料作為這一節需要的資料來源。程式中會將原本資料表 course 移除後才新增資料。

```
import pymongo

client = pymongo.MongoClient()
db = client.test

db.course.drop()
db.course.insert_many([
    {
        'student': 'S1',
        'courseList': [
```

```
            { 'title': '機率', 'score': 80 },
            { 'title': '音樂欣賞', 'score': 70 }
        ]
    },
    {
        'student': 'S2',
        'courseList': [
            { 'title': '物理', 'score': 85 },
            { 'title': '機率', 'score': 70 },
            { 'title': '音樂欣賞', 'score': 50 }
        ]
    },
    {
        'student': 'S3',
        'courseList': [
            { 'title': '物理', 'score': 50 },
            { 'title': '音樂欣賞', 'score': 70 }
        ]
    },
    {
        'student': 'S4',
        'courseList': [
            { 'title': '微積分', 'score': 80 },
            { 'title': '電子學', 'score': 80 }
        ]
    }
])
```

5-2-1 只留下第一個符合條件的元素

查詢每位學生的電子學成績，目前只有 S4 有修電子學，查詢結果只會有一筆資料。

```
# MongoDB shell
test> db.course.find({ 'courseList.title': '電子學' })
# Output
[
```

```
  {
    _id: ObjectId("620c70200e1c023cc3c1363f"),
    student: 'S4',
    courseList: [ { title: '微積分', score: 80 }, { title: '電子學', score: 80 } ]
  }
]
```

結果雖然正確了，但不夠好，因為不是電子學的其他課程也列出來了，
而我們只想要看到電子學就好。其實這個問題在上一節也會出現，只
是因為資料的關係，所以問題不明顯。

在 projection 參數中使用「$」符號，可以限制查詢結果只列出陣列中
第一筆符合條件的資料，相當於 findOne()功能，只是用在陣列裡面，
如下。

```
# MongoDB shell
test> db.course.find({ 'courseList.title': '電子學' }, { 'student': 1,
'courseList.$': 1 })
# Output
[
  {
    _id: ObjectId("620c70200e1c023cc3c1363f"),
    student: 'S4',
    courseList: [ { title: '電子學', score: 80 } ]
  }
]
```

5-2-2 查詢條件要同時成立

查詢音樂欣賞不及格的學生，應該只有 S2，但結果還多了 S3，很顯然
是錯誤的結果。因為查詢陣列內容時，各查詢條件是獨立運作的，也
就是先查出有音樂欣賞的資料，包含了 S1、S2 與 S3，然後再從這個
範圍內去找 score 低於 60 的，因此 S2 與 S3 都符合條件。

```
# MongoDB shell
test> db.course.find( { 'courseList.title': '音樂欣賞',
'courseList.score': { '$lt': 60 } })
# Output
[
  {
    _id: ObjectId("620c70200e1c023cc3c1363d"),
    student: 'S2',
    courseList: [
      { title: '物理', score: 85 },
      { title: '機率', score: 70 },
      { title: '音樂欣賞', score: 50 }
    ]
  },
  {
    _id: ObjectId("620c70200e1c023cc3c1363e"),
    student: 'S3',
    courseList: [ { title: '物理', score: 50 }, { title: '音樂欣賞', score:
70 } ]
  }
]
```

要解決上面查詢條件在陣列中是分開運作所造成的問題，我們可以使用$elemMatch 運算子將各查詢條件綁在一起，讓它們同時運作。這時候的查詢結果只有 S2，這是正確的。

```
# MongoDB shell
test> db.course.find({
    'courseList': {
        '$elemMatch': {
            'title': '音樂欣賞',
            'score': { '$lt': 60 }
        }
    }
})
# Output
[
  {
```

```
    _id: ObjectId("620c70200e1c023cc3c1363d"),
    student: 'S2',
    courseList: [
      { title: '物理', score: 85 },
      { title: '機率', score: 70 },
      { title: '音樂欣賞', score: 50 }
    ]
  }
]
```

因為修課不可能同一學期重複修課，因此加上「$」限制陣列第一筆符合條件的資料才列出，這時非音樂欣賞的資料就不會列出了。

```
# MongoDB shell
test> db.course.find({
    'courseList': {
        '$elemMatch': {
            'title': '音樂欣賞',
            'score': { '$lt': 60 }
        }
    }
}, { 'student': 1, 'courseList.$': 1 })
# Output
[
  {
    _id: ObjectId("620c70200e1c023cc3c1363d"),
    student: 'S2',
    courseList: [ { title: '音樂欣賞', score: 50 } ]
  }
]
```

5-2-3 留下所有符合條件的元素

查詢成績大於 70 分的資料，並且希望不符合條件的資料不在查詢結果中，這個查詢要使用 aggregation，並且透過兩個或三個 stage 來完成。

Stage ① 選擇 test.course 資料表。解構陣列，讓陣列中只包含一個元素。

$unwind 內容

```
'$courseList'
```

輸出結果（其中一筆）

```
 _id: ObjectId("620c70200e1c023cc3c1363c")
 student: "S1"
▼ courseList: Object
    title: "機率"
    score: 80
```

Stage ② 設定查詢條件為大於 70 分的資料，也可以改為不及格的資料，看需求決定。這時候輸出結果應該只有七筆資料滿足條件。

$match 內容

```
{
  'courseList.score': { $gte: 70 }
}
```

輸出結果（其中一筆）

```
 _id: ObjectId("620c70200e1c023cc3c1363c")
 student: "S1"
▼ courseList: Object
    title: "機率"
    score: 80
```

Stage ③ 其實到上一個 stage 已經是正確結果了，但如果想要將資料格式還原為原本的格式，可以再加上這個 stage。輸出結果特別查看 S2，該學生原本還有音樂欣賞這門課，但因為不到 70 分，所以在最後結果中不會出現。

5-15

$group 內容

```
{
  _id: '$student',
  courseList: {
    $push: {
      title: '$courseList.title',
      score: '$courseList.score'
    }
  }
}
```

輸出結果（其中一筆）

```
  _id: "S2"
▼ courseList: Array
  ▼ 0: Object
      title: "物理"
      score: 85
  ▼ 1: Object
      title: "機率"
      score: 70
```

這個查詢方式並不只一種，有興趣的讀者可以試試使用「$redact」這個 stage。其實不管哪一種作法，要留意陣列中可能有兩個以上的元素符合條件，所以不要在最後的查詢結果元素個數與實際不合就可以了。

06
Chapter

日期時間處理

<u>6-1</u> 現在日期

日期處理（包含了 date 與 time）向來是各種資料庫中重要的單元，各家資料庫也都有對映的函數與資料型態。MongoDB 的日期型態有兩個，一個是 Date，處理常見的年月日時分秒這種格式的資料，另外一個是 Timestamp，稱為時間戳記，但這個型態是 BSON 中的獨有的型態，由 Timestamp 物件產生，如果是一般常見有很大數字那種時間戳記，要使用 Date 型態。

MongoDB 中的日期，其時區固定是 UTC，所有的日期都會轉成 UTC 時區儲存。UTC 的全名是 Coordinated Universal Time，中文翻成「世界協調時間」或是「世界標準時間」，也就是不帶時區資訊的時間。

6-1-1 在 Python 取得現在日期

Python 擁有豐富的日期處理函數，可以應付各種複雜的日期處理需求，用到的函數庫為 datetime。取得現在日期的函數有兩個，分別是本地時區的 now() 與 UTC 時區的 utcnow()。從下面程式碼的輸出結果可以看到，兩者差了 8 個小時，因為台灣時間為 UTC+8。

```
# Python 程式
from datetime import *

now = datetime.now()
utcnow = datetime.utcnow()

print(now)
print(utcnow)

# 2021-12-31 16:44:06.223144
# 2021-12-31 08:44:06.223151
```

MongoDB 儲存的日期並不包含時區資訊，所以如果 Python 中的日期包含了時區資訊，這時儲存到 MongoDB 後的資料會自動轉成 UTC 時區並根據時區資訊進行調整。這裡要特別留意 Python 的函數 now()，這個函數雖然傳回了本地時間，但實際上並不含時區資訊，意思是雖然看到的時間是本地時間，但時區卻是 UTC 時區。我們來看下面這段程式碼。我們在第二個 now() 中加上了時區資訊，然後輸出變數 now 與 now_tz，會看到兩者的日期是一樣的，兩者都是本地時間，只是 now_tz 多了 +08:00 的時區訊息。

```
# Python 程式
from datetime import *

tz = timezone(timedelta(hours=8))
now = datetime.now()
now_tz = datetime.now(tz)
```

```
print(now)
print(now_tz)

# 2021-12-31 17:22:09.392199
# 2021-12-31 17:22:09.392205+08:00
```

現在在 MongoDB 中儲存這兩個日期的資料，然後印出查詢結果。我們可以看到欄位 date_now 儲存的時間與 date_now_tz 的時間不一樣，因為欄位 date_now_tz 儲存的時間已經轉成 UTC 時間，並根據時區資訊減掉了 8 小時。但是欄位 date_now 的資料來自於 Python 函數 now()，MongoDB 認為該日期是 UTC 時區，所以不需要再調整儲存的時間，導致儲存至資料庫前的時間是一樣的，但是存進資料庫後的時間卻不一樣。

```
# Python 程式
import pymongo
from datetime import *
from pprint import *

tz = timezone(timedelta(hours=8))
now = datetime.now()
now_tz = datetime.now(tz)

client = pymongo.MongoClient()
db = client.test

db.test.drop()
db.test.insert_one({ 'date_now': now })
db.test.insert_one({ 'date_now_tz': now_tz })

cursor = db.test.find({}, {'_id': 0})
pprint(list(cursor))

''' 輸出結果如下
```

```
[{'date_now':  datetime.datetime(2021, 12, 31, 17, 23, 3, 534000)},
  {'date_now_tz': datetime.datetime(2021, 12, 31, 9, 23, 3, 534000)}]]
'''
```

我們要很小心的處理儲存到 MongoDB 的日期資料，尤其要特別留意其中有沒有帶時區資訊，最好的作法就是儲存前，先將所有的日期都轉換成 UTC 時區後再儲存進 MongoDB，並額外增加欄位儲存時區資訊，這樣才能避免當資料庫中的日期並非來自於單一時區時，最後要在網頁等使用者介面上呈現時間卻不知道正確時區而造成的各種問題。例如可以將上面程式碼的 insert_one() 中儲存的資料改為如下的資料，多了一個 tz 欄位用來儲存時區資訊。

```
# Python 程式
db.test.insert_one({ 'date_now': now, 'tz': now.tzname() })
db.test.insert_one({ 'date_now_tz': now_tz, 'tz': now_tz.tzname() })
```

這時在 Python 的輸出結果如下。

```
# Python 輸出結果
[
   {
      'date_now': datetime.datetime(2021, 12, 31, 18, 17, 57, 444000),
      'tz': None
   },
   {
      'date_now_tz': datetime.datetime(2021, 12, 31, 10, 17, 57, 444000),
      'tz': 'UTC+08:00'
   }
]
```

在 MongoDB shell 中的查詢結果如下。

```
# MongoDB shell
test> db.test.find({}, { _id: 0 })
# Output
[
```

```
  { date_now: ISODate("2021-12-31T18:21:21.393Z"), tz: null },
  { date_now_tz: ISODate("2021-12-31T10:21:21.393Z"), tz: 'UTC+08:00' }
]
```

有了 tz 欄位，日後在使用者介面或是數據分析上，就能正確的顯示或處理日期資料了。

6-1-2 在 MongoDB Shell 取得現在日期

在 MongoDB shell 中取得現在的時間可以使用 Date 物件取得當時的 UTC 時間。試試看在 MongoDB shell 中執行下面的指令，如果您電腦的時區是台北時區的話，查詢結果所顯示的時間會減掉 8 個小時。

```
# MongoDB shell
test> db.data.insertOne({ date: new Date() })
test> db.data.find()
# Output
[
  {
    _id: ObjectId("61ce7f635634cc97953f8b72"),
    date: ISODate("2021-12-31T03:56:19.276Z")
  }
]
```

上面的查詢結果會看到一個函數 ISODate()，它與 Date 物件非常類似，如果要取得當時時間，這兩個物件的功能完全一樣。但 ISODate 對日期時間格式有嚴格的定義，例如 Date('2022/1/1') 會將 2022 年 1 月 1 日轉成 BSON 的 Date 型態，但 ISODate('2022/1/1') 會得錯誤訊息，因為對 ISODate 而言，標準的格式應該是 ISODate('2022-01-01')。

除了使用 Date 或 ISODate 物件取得現在時間外，我們也可以從 ObjectId 中取得現在的 UTC 時間，傳回的資料型態也是 BSON 的 Date，如下：

```
# MongoDB shell
test> db.data.insertOne({ date: ObjectId().getTimestamp() })
```

BSON 中另外一個日期時間型態為 Timestamp，稱為時間戳記，內容由
Timestamp 物件產生，通常為 MongoDB 內部紀錄使用，如下：

```
# MongoDB shell
test> db.log.insertOne({ body: 'something logged', ts: new Timestamp() })
test> db.log.find()
# Output
[
  {
    _id: ObjectId("620c5b460e1c023cc3c13639"),
    body: 'something logged',
    ts: Timestamp({ t: 1644976966, i: 1 })
  }
]
```

查詢出來的結果可以看到一個很大的整數數字，稱為 timestamp 又稱為
UNIX epoch time，這是從西元 1970 年 1 月 1 日 0 時 0 分 0 秒開始每隔
一秒增加 1 的時間戳記。要把 Timestamp 內容轉成容易閱讀的字串，
必須使用 aggregation，如下。

$set 內容
| ```
{
  humanReadable: {
    $dateToString: { date: '$ts' }
  }
}
``` |
| **輸出結果** |
| **_id:** ObjectId("620c5b460e1c023cc3c13639")
body: "something logged"
ts: Timestamp({ t: 1644976966, i: 1 })
humanReadable: "2022-02-16T02:02:46.000Z" |
```

最後，補充介紹一個可以將時間戳記與容易閱讀日期時間字串轉換的網站，裡面還有各程式語言的語法介紹，值得參考。網址為 https://www.epochconverter.com。

6-2 從_id 取得資料建立日期

當每筆資料的 _id 欄位內容為預設的 ObjectId 時，就可以從中取得當時這筆資料的建立日期。我們先在資料庫中插入兩筆資料作為範例資料來源，如下。

```
# MongoDB shell
test> db.test.insertOne({name: 'Daved'})
test> db.test.insertOne({name: 'Mary'})
```

如果我們要取得 name 為 Mary 這筆資料的建立時間，在 MongoDB shell 中的指令如下。

```
# MongoDB shell
test> db.test.findOne({name: 'Mary'})._id.getTimestamp()
```

雖然 ObjectId 物件有 getTimestamp()函數可以解析出時間日期資料，但這個函數只能在 find() 之後透過_id 欄位中的 ObjectId 去呼叫，而無法在 find() 的 projection 參數位置直接呼叫這個函數，例如下面這個指令是錯誤語法，因為 getTimestamp()不能放在 JSON 中當成函數呼叫。

```
# MongoDB shell
test> db.test.findOne(
    {},
    { date: '$_id'.getTimestamp() }
)
# Output
TypeError: "$_id".getTimestamp is not a function
```

正確作法應該要使用 aggregation，如下表。

$set 內容

``
{
  createDate: { $toDate: '$_id' }
}
``

輸出結果
_id: ObjectId("620c5d120e1c023cc3c1363a") **name:** "Daved" **createDate:** 2022-02-16T02:10:26.000+00:00

這個 aggregation 產生的 MongoDB shell 語法在 mongosh 中執行結果如下。

```
# MongoDB shell
test> db.test.aggregate([
    { $set: {
         createDate: { $toDate: '$_id' }
       }
    }
])
# Output
[
  {
    _id: ObjectId("620c5d120e1c023cc3c1363a"),
    name: 'Daved',
    createDate: ISODate("2022-02-16T02:10:26.000Z")
  },
  {
    _id: ObjectId("620c5d1a0e1c023cc3c1363b"),
    name: 'Mary',
    createDate: ISODate("2022-02-16T02:10:34.000Z")
  }
]
```

若換成 Python 程式，如下。

```python
# MongoDB shell
import pymongo
from pprint import pprint

client = pymongo.MongoClient()
db = client.test

pipeline = [
    {
        '$set': {
            'createDate': {
                '$toDate': '$_id'
            }
        }
    }
]

cursor = db.test.aggregate(pipeline)
pprint(list(cursor))
```

6-3 字串與 Date 型態轉換

大部分從 Web API 傳回的 JSON 字串中的日期時間會以「西元年/月/日 時:分:秒」或「西元年-月-日 時:分:秒」這樣的字串形式傳回來，例如 2022/1/1 15:10:0。時間部分為 24 小時制，並且如果沒有特別聲明的情況下，傳回來的時間通常是本地時間。以政府資料開放平臺傳回來的資料為例，如果其中包含日期的話，格式應該是「西元年/月/日 時:分:秒」這樣的字串。

來看之前單元常用的 opendata.AQI 資料表中的資料，使用 aggregation
將欄位 PublishTime 轉成 Date 型態，ori_date 欄位為原本的字串型態，
reg_date 欄位為轉換成 MongoDB 標準的日期型態。

$project 內容

```
{
  _id: 0,
  ori_date: '$PublishTime',
  reg_date: { $toDate: '$PublishTime' }
}
```

輸出結果（其中一筆）

```
ori_date: "2022/02/15 20:00:00"
reg_date: 2022-02-15T20:00:00.000+00:00
```

我們也不一定要使用 aggregation，使用 find 查詢也可以達到同樣目的，
以 MongoDB shell 中的指令為範例，如下。

```
# MongoDB shell
opendata> db.AQI.findOne({},
{
    ori_date: '$PublishTime',
    reg_date: { $toDate: '$PublishTime' }
})
# Output
{
  _id: ObjectId("620b9e13cea65220acb31ddf"),
  ori_date: '2022/02/15 20:00:00',
  reg_date: ISODate("2022-02-15T20:00:00.000Z")
}
```

AQI 中的 PublishTime 記錄的時區當然時台北時區，也就是台灣本地時
間，如果我們要減掉 8 小時，讓顯示的日期為 UTC 時區，在 aggregation
中的處理方式如下，注意 reg_date 欄位的日期已經少掉 8 小時了。

使用 find 方式也是一樣透過 $add 運算子減掉 8 小時即可，如下。

```
# MongoDB shell
opendata> db.AQI.findOne({},
{
    ori_date: '$PublishTime',
    reg_date: {
        $add: [
            { $toDate: '$PublishTime' }, -8 * 60 * 60 * 1000
        ]
    }
})
# Output
{
  _id: ObjectId("620b9e13cea65220acb31ddf"),
  ori_date: '2022/02/15 20:00:00',
  reg_date: ISODate("2022-02-15T12:00:00.000Z")
}
```

6-4 MongoDB 跟日期時間有關的函數

對一個符合 Date 型態的資料，MongoDB 提供了許多有用的函數來處理。這個單元可以使用任何一個資料表，範例中會使用「$$NOW」系統變數取得目前的時間，因此選用的資料表中是否有 Date 資料型態的欄位都不會影響接下來的操作。

$dateToPart

將日期時間資料解包，可分離出年、月、日、時、分、秒與毫秒。參數 date 支援 Date、ObjectId 與 Timestamp 型態。

$project 內容

``
{
  datePart: {
    $dateToParts: {
      date: '$$NOW'
    }
  }
}
``

輸出結果

_id: ObjectId("620b9e13cea65220acb31ddf")
▼ **datePart:** Object
    year: 2022
    month: 2
    day: 16
    hour: 2
    minute: 31
    second: 52
    millisecond: 462

可以在 $dateToPart 運算子中加上時區參數 timezone。如果已經知道要
對 UTC 時間加減多少小時的話，直接補上即可。注意下表中輸出結果
的 hour 欄位，已經從上面輸出結果的 2 變成 10 了，因為加了 8 小時
的原因。某些國家的時區不為整點，例如 UTC+08:30，因此參數 timezone
要填「+0830」或「+08:30」。除了直接填入時差外，也可以填時區名
稱，例如台北時區的名稱為「Asia/Taipei」。其他時區名稱請參考網址
https://en.wikipedia.org/wiki/List_of_tz_database_time_zones。

$project 內容

```
{
  datePart: {
    $dateToParts: {
      date: '$$NOW',
      timezone: '+08'
    }
  }
}
```

輸出結果

```
  _id: ObjectId("620b9e13cea65220acb31ddf")
▼ datePart: Object
    year: 2022
    month: 2
    day: 16
    hour: 10
    minute: 33
    second: 38
    millisecond: 19
```

> ## $year、$month、$dayOfYear、$dayOfMonth、$dayOfWeek、 $hour、$minute、$seconds 與$millisecond

用法與 $dateToParts 一樣，可以加上 timezone 參數，傳回型態為單一數值。下表以 $year 作為範例，其他函數舉一反三即可。

$project 內容

```
{
  year: {
    $year: {
      date: '$$NOW',
      timezone: '+08'
    }
  }
}
```

輸出結果

```
_id: ObjectId("620b9e13cea65220acb31ddf")
year: 2022
```

$dateFromParts

組合各部分日期時間數據並傳回 Date 物件。參數 year 為必要參數，其他參數如果沒填的話，預設為 1 月 1 日 0 時 0 分 0.000 秒。如果需要可以加上 timezone 參數。

$project 內容

```
{
  date: { $dateFromParts : {
    year: 2022,
    month: 3,
    day: 1,
```

```
      hour: 6,
      minute: 10,
      second: 0,
      millisecond: 0,
      // timezone: '+08'
    }
  }
}
```

```
 _id: ObjectId("620b9e13cea65220acb31ddf")
 date: 2022-03-01T06:10:00.000+00:00
```

$dateFromString

若日期時間的字串格式是「年/月/日　時:分:秒」或「年-月-日　時:分:秒」，就可以直接使用 $toDate 轉成標準的時間格式。但如果其他類型字串，例如「2022 年 2 月 14 日 5 時 20 分」，就必須使用 $dateFromString 來轉成標準日期時間格式了。

```
{
  date: { $dateFromString : {
    dateString: '2022 年 2 月 14 日 5 時 20 分',
    format: '%Y 年%m 月%d 日%H 時%M 分',
    // timezone: '+08'
  }
}
}
```

```
 _id: ObjectId("620b9e13cea65220acb31ddf")
 date: 2022-02-14T05:20:00.000+00:00
```

%Y、%m 代表日期時間字串中的年份與月份，下表列出所有可以使用的符號。

符號	說明	範例
%d	每月第幾天（2 位數，缺項補零）	01-31
%G	ISO 8601 格式的年份	0000-9999
%H	小時（24 小時制，2 位數，缺項補零）	00-23
%L	毫秒（3 位數，缺項補零）	000-999
%m	月份（2 位數，缺項補零）	01-12
%M	分（2 位數，缺項補零）	00-59
%S	秒（2 位數，缺項補零）	00-60
%u	ISO 8601 格式的星期幾（1-星期一，7-星期日）	1-7
%V	ISO 8601 格式的第幾週	01-53
%Y	年（4 位數，缺項補零）	0000-9999
%z	時差（與 UTC 的差距）	+/-[hh][mm]
%Z	以分為單位的時差，例如時差為 4 小時 45 分，換成分鐘等於+285	+/-[mmm]
%%	純粹表示%	%

$dateToString

將日期轉成特定格式字串，例如標準的日期時間格式轉成字串「03 月 01 日」。參數 date 支援 Date、ObjectId 與 Timestamp 型態。

$project 內容

```
{
  dd: { $dateToString: {
    date: '$$NOW',
    format: '%m 月%d 日'
  }
```

```
      }
  }
```

```
  _id: ObjectId("620b9e13cea65220acb31ddf")
  dd: "02月16日"
```

參數符號除 $dateFromString 中列出的外,還可使用下列增加的符號。

符號	說明	範例
%j	每年第幾天（3 位數,缺項補零）	001-366
%w	星期幾（1-星期日,7-星期六）	1-7
%U	第幾週	00-53

$dateDiff

計算兩個時間差距,可透過 unit 參數計算差距多少年,多少月,或是多少天...等。下面的範例是計算現在日期距離 2022/1/8 差距多少天。

$project 內容

```
{
  diff: { $dateDiff: {
    startDate: Date('2022/1/8'),
    endDate: '$$NOW',
    unit: 'day'
    }
  }
}
```

輸出結果

```
  _id: ObjectId("620b9e13cea65220acb31ddf")
  diff: 40
```

參數 startDate 與 endDate 支援 Date、ObjectId 與 Timestamp 型態。參數 unit 可以設定 year（年）、quarter（季）、week（星期）、month（月）、day（日）、hour（時）、minute（分）、second（秒）與 millisecond（毫秒）。

$dateAdd、$dateSubstract

對日期時間作加減，例如加 5 天或是減 2 個月，下面範例為加 25 天。

內容

```
{
  newDate: { $dateAdd: {
    startDate: Date('2022/1/8 12:0:10z'),
    unit: 'day',
    amount: 25
    }
  }
}
```

輸出結果

```
_id: ObjectId("620b9e13cea65220acb31ddf")
newDate: 2022-02-02T12:00:10.000+00:00
```

參數 startDate 支援 Date、ObjectId 與 Timestamp 型態。參數 unit 可以設定 year（年）、quarter（季）、week（星期）、month（月）、day（日）、hour（時）、minute（分）、second（秒）與 millisecond（毫秒）。參數 amount 如果是負數，代表減掉多少個時間單位。

$dateSubstract 的參數 amount 與$dateAdd 剛好正負號相反，例如減三天，可以使用$dateAdd 然後參數 amount 填 -3，或者也可以使用 $dateSubstract 然後參數 amount 填 3。

$dateTrunc

這個指令不太容易解釋，它的作用很像數字「去零頭」，例如去市場買菜，金額是 513 元時，賣菜阿姨往往有人情味的就收 500 元，我們稱去零頭或湊整數。又例如 1576 元時，去零頭後可以是 1500 或是 1570，就看想要從哪個位數將零頭去掉。$dateTruct 就是將時間「去零頭」，例如 2021 年 5 月 3 日 7 時 53 分 26 秒，把「日」這個零頭去掉，就變成 2021 年 5 月 3 日 0 時 0 分 0 秒，也就是「日」之後的數字全部為 0；若是把「月」這個零頭去掉，結果為 2021 年 5 月 1 日 0 時 0 分 0 秒；若是「年」，結果為 2021 年 1 月 1 日 0 時 0 分 0 秒。

我們先在資料庫中新增下列幾筆資料做為待會要用範例資料，資料的特色是每月 1 號有一筆金額不等的資料儲存進資料庫。

```
# Python 程式
import pymongo
from datetime import datetime

client = pymongo.MongoClient()
db = client.test

db.productc.drop()
db.product.insert_one({'price': 100, 'date': datetime(2021,1,5,0,0,0)})
db.product.insert_one({'price': 200, 'date': datetime(2021,2,5,0,0,0)})
db.product.insert_one({'price': 200, 'date': datetime(2021,3,5,0,0,0)})
db.product.insert_one({'price': 600, 'date': datetime(2021,7,5,0,0,0)})
db.product.insert_one({'price': 200, 'date': datetime(2021,9,5,0,0,0)})
db.product.insert_one({'price': 400, 'date': datetime(2021,11,5,0,0,0)})
```

接下來我們使用 $dateTrunc 來計算每季的 price 總和。作法是使用參數 unit 將日期按照「季」去零頭，所以每筆資料的時間只會落在 1 月 1 日、4 月 1 日、7 月 1 日與 10 月 1 日。然後再根據這四個日期做群組，最後將群組內的 price 加總起來即可。

$group 內容

```
{
  _id: {
    quarter: { $dateTrunc: {
      date: '$date',
      unit: 'quarter',
      binSize: 1
      }
    }
  },
  sumOfPrice: {
    $sum: '$price'
  }
}
```

輸出結果（其中一筆）

```
▼ _id: Object
    quarter: 2021-01-01T00:00:00.000+00:00
  sumOfPrice: 500
```

這個 aggregate 執行後的結果如下，從上而下可以看到 2021 年第二季總和 800，第四季總和 400，第一季總和為 500。若需要按照時間排序的話，需要再加上「$sort」stage。

```
# Output
[
  {
    _id: { quarter: ISODate("2021-07-01T00:00:00.000Z") },
    sumOfPrice: 800
  },
  {
    _id: { quarter: ISODate("2021-10-01T00:00:00.000Z") },
    sumOfPrice: 400
  },
  {
```

```
    _id: { quarter: ISODate("2021-01-01T00:00:00.000Z") },
    sumOfPrice: 500
  }
]
```

如果想要計算上半年與下半年，只要將參數 $binSize 改為 2 即可。

$group 內容

```
{
  _id: {
    quarter: { $dateTrunc: {
        date: '$date',
        unit: 'quarter',
        binSize: 2
      }
    }
  },
  sumOfPrice: {
    $sum: '$price'
  }
}
```

輸出結果（其中一筆）

```
▼ _id: Object
    quarter: 2021-07-01T00:00:00.000+00:00
  sumOfPrice: 1200
```

現在上半年與下半年的統計結果如下：

```
# Output
[
  {
    _id: { quarter: ISODate("2021-01-01T00:00:00.000Z") },
    sumOfPrice: 500
  },
  {
    _id: { quarter: ISODate("2021-07-01T00:00:00.000Z") },
```

```
      sumOfPrice: 1200
    }
  ]
```

參數 unit 可以設定 year（年）、quarter（季）、week（星期）、month（月）、day（日）、hour（時）、minute（分）與 second（秒）。如果設定為 week 時，另一參數 startOfWeek 可以決定每星期由星期幾開始，預設為 Sunday。這個參數可以填入：

● monday（或 mon）

● tuesday（或 tue）

● wednesday（或 wed）

● thursday（或 thu）

● friday（或 fri）

● saturday（或 sat）

● sunday（或 sun）

還記得 ObjectId 中包含了當時產生的時間嗎？如果每筆資料的_id 欄位內容為預設的 ObjectId 時，$dateTruct 中的 date 參數支援 ObjectId。下面的範例是將 ObjectId 中的時間部分從「月」去零頭，因此結果為當月的 1 號。

$project 內容

```
{
  dd: { $dateTrunc: {
    date: ObjectId(),
    unit: 'month'
    }
  }
}
```

```
_id: ObjectId("620c674b14f9101b6321b5f9")
dd: 2022-02-01T00:00:00.000+00:00
```

6-5 在 Python 中處理日期

6-5-1 將字串轉成 Date 型態

在 Python 中取得了一個為字串格式表示的日期，例如「年/月/日 時:
分:秒」，雖然我們可以將這個字串直接儲存至資料庫，之後再透過
MongoDB 的日期函數 $toDate 來轉換，但我們也可以先用 Python 的函
數轉成符合 MongoDB 的日期格式後再儲存，程式碼如下。

```python
# Python 程式
import pymongo
from datetime import *

date_str = '2022/3/1 13:20:0'
formatter = '%Y/%m/%d %H:%M:%S'

client = pymongo.MongoClient()
db = client.test
d = datetime.strptime(date_str, formatter)
db.test.insert_one({'date': d})
```

在 Python 中要將字串轉成日期格式，關鍵是 formatter 這個變數的內容
要能對映到日期字串。Formatter 中出現的「%」格式與 MongoDB 一樣，
也就是 MongoDB 中可以使用的在 Python 中都可以使用，請參考上一
節的列表。此外，Python 還多了一些其他的，這部分請參考 Python 官
方列表 https://docs.python.org/3/library/datetime.html#strftime-strptime-
behavior。

上面程式碼中的「%Y/%m/%d %H:%M:%S」格式並沒有加上時區符號，因此轉換出來的時間為 UTC 時間，若「2022/3/1 13:20:0」為台北時區的時間，這時應該要在轉換格式中加上時區資訊。加時區方式有兩種：給數字或給名字，如下，注意數字是用小寫 z，名字是用大寫 Z。

```python
# Python 程式
d = datetime.strptime('2022/3/1 13:20:0+0800', '%Y/%m/%d %H:%M:%S%z')
d = datetime.strptime('2022/3/1 13:20:0CST', '%Y/%m/%d %H:%M:%S%Z')
```

給數字的方法比較簡單，在日期的字串後方補上與 UTC 間的時差即可，給名字就要知道名字與時區的對映，請參考網址 https://en.wikipedia.org/wiki/List_of_time_zone_abbreviations。

6-5-2 Date 型態解析

當 Python 從資料庫中取得 Date 型態的資料後，有幾種方式可以拆解其中的資料，一種是轉成字串。例如上一節中我們存進資料庫的日期，取出來後只要顯示年份即可，可以使用 strftime() 函數，如下。

```python
# Python 程式
doc = db.test.find_one()
date = doc['date']
year = datetime.strftime(date, '%Y 年')
print(year)
# 2022 年
```

用 strftime() 函數加上%符號的格式化設定，就可以產生我們想要的字串型式，或者得到日期中的部分資料，當然這種轉換方式得到的資料一定是字串型態。

另外一種方式就是直接利用 datetime 物件的各個屬性。由於 MongoDB 中的 Date 型態進到 Python 中會變成 Python 的 datatime 類別，而這個類別中已經內建了許多屬性來對映 Date 中的年月日時分秒等資料，取得的資料是整數型態，舉例如下。

```python
# Python 程式
doc = db.test.find_one()
date = doc['date']

print(date.year)          # 2022
print(date.month)         # 3
print(date.day)           # 1
print(date.hour)          # 13
print(date.minute)        # 20
print(date.second)        # 0
print(date.microsecond)   # 0
```

Python 的 datetime 函數庫具有豐富的日期處理類別與各種處理方法與屬性，有興趣的讀者可以參考 Python 官方網站說明，網址為 https://docs.python.org/zh-tw/3/library/datetime.html。

6-5-3 BSON 的時間戳記

若要在 Python 中儲存一個 BOSN 特有的 Timestamp 物件進資料庫時，程式碼如下。這段程式碼會由 time.time() 取得標準的時間戳記後，再由 Timestamp() 轉成 BONS 特有的時間戳記型態。

```python
# Python 程式
import pymongo
import time
from bson.timestamp import Timestamp

client = pymongo.MongoClient()
db = client.test

timestamp = int(time.time())
db.test.insert_one({ 'ts': Timestamp(timestamp, 1) })
```

上面的 Python 程式執行完後在 MongoDB shell 中查詢看看，結果如下。

```
# MongoDB shell
[direct: mongos] test> db.test.find()
# Output
[
  {
    _id: ObjectId("61d6f9948138615590ff8cfe"),
    ts: Timestamp({ t: 1641478548, i: 1 })
  }
]
```

如果在 Python 中取得了一個 Timestamp 物件，要先轉成 Python 可處理的型態，方法如下。

```
# Python 程式
import pymongo

client = pymongo.MongoClient()
db = client.test

doc = db.test.find_one()

# python 的 datetime 類別
date = doc['ts'].as_datetime()
# 常見的 timestamp
timestamp = doc['ts'].time
# BSON Timestamp 物件中的第二個參數值
inc = doc['ts'].inc
```

大部分情況下都是由 as_datetime() 轉成 Python 的 datetime 類別再進行後續處理，轉換後的處理方式請參考上一節有詳細說明。

6-5-4 儲存伺服器日期

當要儲存到資料庫的日期是由外部程式取得時，這個日期會是程式執行所在電腦的日期，而這個日期不是一個可靠的日期，因為使用者可以自行修改。如果我們需要一個使用者無法修改的日期，這時就需要讓資料庫儲存伺服器日期。也就是 Python 程式中並不取得任何的日期資料，而是下指令告訴資料庫該欄位內容為伺服器時間，這個指令就是 MongoDB 的 $currentDate 運算子。

$currentDate 運算子雖然可以取得伺服器時間，但要注意的是，這個運算子無法使用在新增資料指令中，它只能使用於更新資料指令。但我們可以透過更新函數的 upsert 參數做到新增資料功能，例如有新會員註冊時，在 member 資料表中新增該會員資料，並且把註冊時的日期放到 signUpDate 欄位中。

```python
# Python 程式
import pymongo

client = pymongo.MongoClient()
db = client.test
db.member.drop()

db.member.update_one(
    { '_id': 'Tom' },
    { '$currentDate': {
        'signUpDate': { '$type': 'date' }
      }
}, upsert=True)
```

$currentDate 支援的型態為 date 與 timestamp，注意要全小寫，預設為 date，所以我們也可以將上面程式碼改為如下，結果一樣。

```
# Python 程式
db.member.update_one(
    { '_id': 'David' },
    { '$currentDate': {
        'signUpDate': True
    }
},upsert=True)
```

如果要希望存的日期是 Timestamp 型態時，語法如下。

```
# Python 程式
db.member.update_one(
    { '_id': 'Betty' },
    { '$currentDate': {
        'signUpDate': { '$type': 'timestamp' }
    }
},upsert=True)
```

以上三筆資料若從 MongoDB shell 中查詢，結果如下。所看到的時間都時當時撰寫本書時，下指令的時間。

```
# MongoDB shell
test> db.member.find()
# Output
[
  { _id: 'Tom', signUpDate: ISODate("2022-01-01T04:19:05.908Z") },
  { _id: 'David', signUpDate: ISODate("2022-01-01T04:19:05.909Z") },
  { _id: 'Betty', signUpDate: Timestamp({ t: 1641010745, i: 1 }) }
]
```

地理位置查詢

7-1 前置資料準備

我們在 Aggregation 章節中介紹過「$geoNear」這個 stage，可以將內含經緯度座標的資料按照距離遠近做排序，然後尋找離某個座標點距離最近的資料。這個單元將進一步介紹其他跟地理位置有關的查詢，需要的資料有兩份：一份來自於 Aggregation 章節中「依經緯度排序」所產生的 AQI_geo 資料表；另一份來自於臺灣行政區的 GeoJSON 資料，請從 https://github.com/kirkchu/mongodb 下載 taiwan.geojson 檔案。下載回來後在命令提示字元或終端機執行 mongoimport 匯入指令，參數 -c 後的字串代表匯入後的資料會儲存在 test 資料庫中的 taiwan 資料表。

```
$ mongoimport taiwan.geojson -c=taiwan
```

Taiwan 資料表的內容大致如下，請在 MongoDB shell 中執行 findOne()
查看。Coordinates 欄位中有一堆用來圍出各縣市幾何區域範圍的座標。

```
# MongoDB shell
test> db.taiwan.findOne()
# Output
{
  _id: ObjectId("61c7cfbf77fbc48676c523ef"),
  geometry: {
    type: 'MultiPolygon',
    coordinates: [
      [
        [
          [ 118.233808571, 24.162773441 ],
          [ 118.23404723, 24.162676252 ],
          ...
        ],
        [
          ...
        ]
      ]
    ]
  },
  County: '金門縣'
}
```

建立欄位 geometry 的
2dsphere 索引。

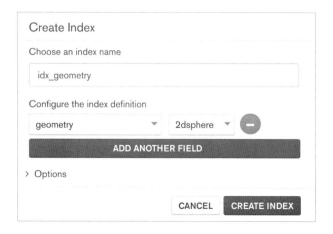

接下來請在 Compass 中確認 opendata.AQI_geo 與 test.Taiwan 這兩個資料表以及兩個資料表中的 2dsphere 索引是否準備好。下面兩張圖為opendata.AQI_geo 資料表的內容與 2dsphere 索引。

下面兩張圖為 test.taiwan 資料表的內容與 2dsphere 索引。

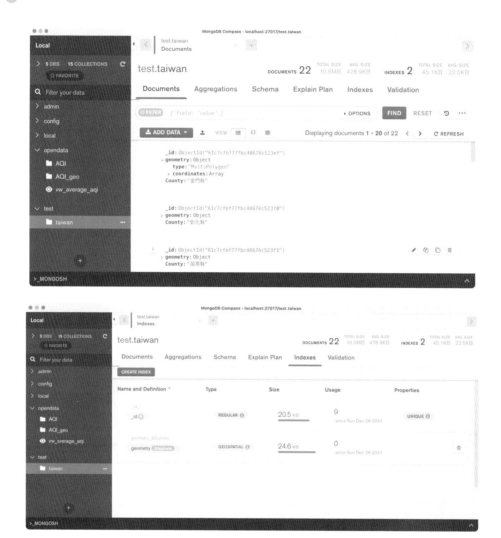

7-2 查詢使用者目前所在縣市

假設我們知道使用者目前位置的經緯度座標，目前行動裝置都有這個能力取得座標資訊，我們就可以透過 MongoDB 的地理位置查詢來知道使用者目前所在的縣市。試試這個下面這個指令，假設查詢的座標

[120.979906, 24.800681] 位於新竹市立動物園，因此這個查詢結果會列
出新竹市的資料。

```
# MongoDB shell
test> db.taiwan.findOne({
    'geometry': {
        '$geoIntersects': {
            '$geometry': {
                'type': 'Point',
                'coordinates': [ 120.97993, 24.79998 ]
            }
        }
    }
} , { 'County': 1, '_id': 0 })
# Output
{ County: '新竹市' }
```

座標位置我們可以從 Google Map 上
快速取得，作法是在 Google Map 上
按滑鼠右鍵會產生該地點的座標，複
製下來即可，要注意 Google Map 是
先列出緯度再經度，格式與 GeoJSON
的先經度再緯度剛好相反，貼上時記
得調整一下順序。

$geoIntersects 運算子的語法很容易理解，就是用來找出哪個範圍的資料
包含了所給的座標點。其中 $geometry 運算子代表要搜尋的座標資料，
參數 type: 'Point' 表示參數 coordinates 中的座標為點座標，所以就是在
taiwan 資料表的 geometry 欄位中尋找哪筆資料的幾何區域範圍內包含了

這個座標點。除此之外，$geoIntersects 運算子並不需要建立 2dsphere 索引，當然如果有索引，搜尋速度會加快許多。

$geoIntersects 也可以搜尋一個範圍，例如下面這個搜尋的座標範圍是在新北與桃園間的一塊矩形區域，您可以從 https://geojson.io 網站畫出這個矩形並產生這組座標，從下圖右側複製灰色區域的座標資料，然後貼到 MongoDB 指令中。

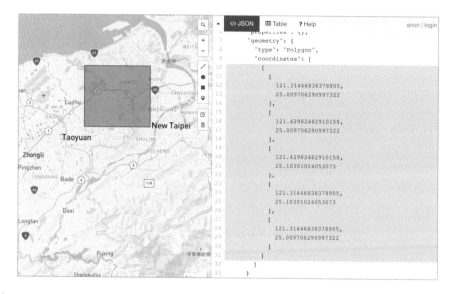

```
# MongoDB shell
test> db.taiwan.find({
    'geometry': {
        '$geoIntersects': {
            '$geometry': {
                'type': 'Polygon',
                'coordinates': [
                    [
                        [ 121.31446838378905, 25.009706290997322 ],
                        [ 121.42982482910158, 25.009706290997322 ],
                        [ 121.42982482910158, 25.10301024053073 ],
                        [ 121.31446838378905, 25.10301024053073 ],
                        [ 121.31446838378905, 25.009706290997322 ]
```

```
                    ]
                ]
            }
        }
    }
}, { County: 1, _id: 0 })
```

這個矩形範圍的查詢結果自然會是桃園市與新北市這兩筆資料了，
如下。

```
# Output
[ { County: '桃園市' }, { County: '新北市' } ]
```

7-3 查詢被某範圍完全涵蓋的區域

先在 https://geojson.io 網站上畫出一個區域，這個區域會把整個臺北市
範圍包含在裡面，如下。

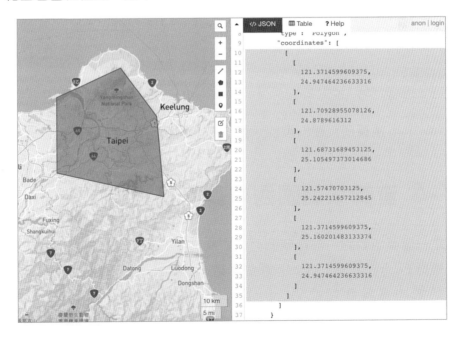

然後將該組座標（上圖右側灰色區域）複製到下面指令中的 coordinates 欄位，這個查詢結果自然就是臺北市的資料。

```
# MongoDB shell
test> db.taiwan.find({
    'geometry': {
        '$geoWithin': {
            '$geometry': {
                'type': 'Polygon',
                'coordinates': [
                    [
                        [ 121.3714599609375, 24.947464236633316 ],
                        [ 121.70928955078126, 24.8789616312 ],
                        [ 121.68731689453125, 25.105497373014686 ],
                        [ 121.57470703125, 25.242211657212845 ],
                        [ 121.3714599609375, 25.160201483133374 ],
                        [ 121.3714599609375, 24.947464236633316 ]
                    ]
                ]
            }
        }
    }
}, { 'County': 1, '_id': 0 })
# Output
[ { County: '臺北市' } ]
```

$geoWithin 運算子支援的型態只有 Polygon 或是 MultiPolygon。

7-4 查詢某範圍內有哪些點資料

給定一個區域範圍，然後我們可以查詢在這個範圍內有哪些地理座標型態是 Point 的資料，例如有哪些餐廳、加油站、飯店…等。這個單元我們要將資料庫切換到 opendata 的 AQI_geo 資料表，然後在

https://geojson.io 網站上從左下角到右上角畫條直線，然後將右邊的座標（灰色區域）複製下來。

將剛剛複製下來的資料貼到 $box 運算子中，如下。運算子 $box 配合 $geoWithin，用來查詢從左下角到右上角這個矩形範圍內有多少點座標資料。

```
# MongoDB shell
test> use opendata
opendata> db.AQI_geo.find({
    'geometry': {
        '$geoWithin': {
            '$box': [
                [
                    120.96221923828125,
                    24.704420062373362
                ],
                [
                    121.25885009765625,
```

```
                24.896402266558727
            ]
        ]
    }
  }
})
```

以這個範圍查詢出來的資料會有三筆，如下。

```
# Output
[
  {
    _id: ObjectId("61c7d486a366f332fdecc6a2"),
    SiteName: '龍潭',
    County: '桃園市',
    AQI: '34',
    geometry: { type: 'Point', coordinates: [ 121.21635, 24.863869 ] }
  },
  {
    _id: ObjectId("61c7d486a366f332fdecc6a4"),
    SiteName: '竹東',
    County: '新竹縣',
    AQI: '37',
    geometry: { type: 'Point', coordinates: [ 121.088903, 24.740644 ] }
  },
  {
    _id: ObjectId("61c7d486a366f332fdecc6a5"),
    SiteName: '新竹',
    County: '新竹市',
    AQI: '35',
    geometry: { type: 'Point', coordinates: [ 120.972075, 24.805619 ] }
  }
]
```

除了使用 $box 外，也可以使用 $center 或 $centerSphere 來查詢某個半徑範圍內的點資料。首先在地圖上決定一個中心點，然後將該中心點座標複製下來。

然後使用 $centerSphere 運算子來計算該座標點半徑 50 公里內有哪些點座標資料，如下。其中 6378.1 為地球赤道附近的半徑，單位為公里。

```
# MongoDB shell
opendata> db.AQI_geo.find({
    'geometry': {
        '$geoWithin': {
            '$centerSphere': [
                [ 120.94024658203124, 22.714123242600657 ],
                50 / 6378.1
            ]
        }
    }
} , { 'SiteName': 1, 'AQI': 1, '_id': 0 })
# Output
[
  { SiteName: '屏東', AQI: 71 },
  { SiteName: '潮州', AQI: 106 },
  { SiteName: '美濃', AQI: 51 },
  { SiteName: '關山', AQI: 35 },
  { SiteName: '臺東', AQI: 34 }
]
```

也可以使用 $polygon 來搜尋在這個幾何區域內有哪些點座標資料。例如我們在 https://geojson.io 網站上先畫出臺灣西部沿海區域，我們想要知道這個區域內有哪些空氣品質監測站。區域框出來之後，複製右邊的座標，注意複製的範圍為灰色部分。

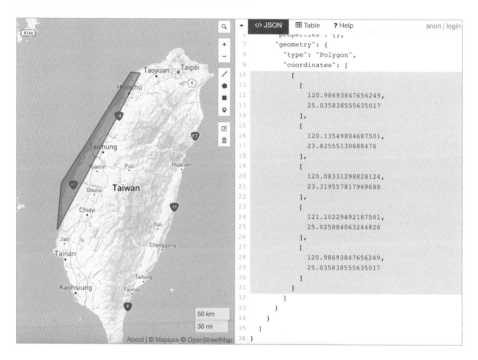

然後將座標貼到下方指令中，這樣就會查出臺灣西部沿海地區有哪些 AQI 空氣品質監測站。

```
# MongoDB shell
opendata> db.AQI_geo.find({
    'geometry': {
        '$geoWithin': {
            '$polygon': [
                [ 120.98693847656249, 25.035838555635017 ],
                [ 120.13549804687501, 23.82555130688476 ],
                [ 120.08331298828124, 23.319557817969688 ],
                [ 121.10229492187501, 25.025884063244828 ],
```

```
                [ 120.98693847656249, 25.035838555635017 ]
            ]
        }
    }
}, { 'SiteName': 1, 'AQI': 1, '_id': 0 })
# Output
[
  { SiteName: '頭份', AQI: 36 },
  { SiteName: '苗栗', AQI: 35 },
  { SiteName: '沙鹿', AQI: 32 },
  { SiteName: '線西', AQI: 41 },
  { SiteName: '二林', AQI: 43 },
  { SiteName: '臺西', AQI: 39 },
  { SiteName: '麥寮', AQI: 42 },
  { SiteName: '大城', AQI: 47 }
]
```

我們也可以根據某個座標點來查詢距離該座標點多遠的資料，這個查詢跟 aggregation 中的「$geoNear」stage 功能一樣，查詢出來的結果會由近到遠做排序。例如在 Google Map 上找到陽明山遊客中心的座標，查詢距離超過 5 公里且不到 10 公里的所有點座標資料。

```
# MongoDB shell
opendata> db.AQI_geo.find({
    'geometry': {
        '$nearSphere': {
            '$geometry': {
                'type' : 'Point',
                'coordinates' : [ 121.54660, 25.15532 ]
            },
```

```
            '$minDistance': 5 * 1000,
            '$maxDistance': 10 * 1000
        }
    }
}, { 'SiteName': 1, 'AQI': 1, '_id': 0 })
# Output
[
    { SiteName: '士林', AQI: 35 },
    { SiteName: '淡水', AQI: 38 }
]
```

參數 $minDistance 與 $maxDistance 為可選參數，如果沒有此參數則會
列出所有資料，結果一樣會由近到遠做排序。

```
# MongoDB shell
opendata> db.AQI_geo.find({
    'geometry': {
        '$nearSphere': {
            '$geometry': {
                'type' : 'Point',
                'coordinates' : [ 121.546547, 25.157018 ]
            }
        }
    }
})
```

Chapter

08

索引

8-1 索引目的

索引的目的是為了加快資料搜尋速度。在沒有索引的情況下，資料搜尋時必須將所有資料全部尋一遍才能找出想要的資料，這種搜尋方式稱為線性搜尋，是非常沒有效率的一種搜尋方式。可以想像去圖書館找一本書，每次都用從第一個書櫃找到最後一個書櫃的方式來找，尋找效率自然很低，除非這個圖書館館藏很少。例如要在下面的資料中找出所有的編號為 4 的內容，這時一定要將 7 筆資料全部看過一次才能把所有編號等於 4 的資料找出來。這種搜尋方式的時間複雜度為 O(n)，代表搜尋時間與資料量為線性關係。

另外一種搜尋方式是每找一次就刪掉一半不符合條件的資料，搜尋效率當然遠高於線性搜尋，這種一次刪掉一半資料的搜尋法稱為二位元搜尋，時間複雜度為 O(log n)。二位元搜尋資料時，會先將資料排序後建立樹狀結構。樹狀結構有很多種型態，根據 MongoDB 官網文件指出，MongoDB 目前採用 B 樹（B tree），但 MongoDB 使用的儲存引擎（WiredTiger）的官方文件表示 MongoDB 目前採用 B+ tree（請參考 https://source.wiredtiger.com/3.0.0/tune_page_size_and_comp.html）。B tree 與 B+ tree 其實有些不同，對照其他常見的資料庫所使用的樹狀結構，B+ tree 應該是 MongoDB 採用的。

若為 B+ tree，產生的樹狀結構如下圖，在節點左側的資料都是比節點本身小的，右側資料都是比節點本身大的，最下面那一層葉子端有個指標，透過該指標內容指向實際資料。一樣搜尋編號 4 號的內容，這時在 B+ tree 上只要找兩次就可產生結果，不需要把整個樹的所有資料全部尋一遍，這樣的搜尋效率就遠比線性搜尋來得高，這也就是建立索引後會有效改善資料搜尋速度的原因。

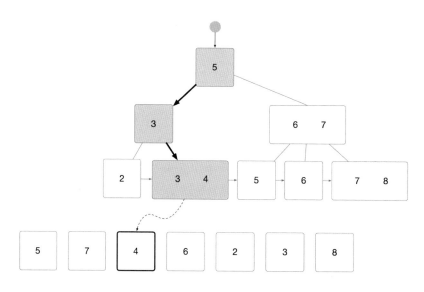

除此之外，索引還包含了一級索引與二級索引，但 MongoDB 官方文件並沒有在此特別著墨。一般來說，我們也不需要特別知道其運作細節，對資料庫索引有興趣的讀者，可以尋找其他文件瞭解一級索引與二級索引的差異，這裡就暫且不對這部分做過多的闡述。

雖然建立索引可以加快搜尋速度，但必須建立正確的索引才有效果。建立索引的基礎是作為搜尋條件的欄位一定要建立索引，例如，我們去書局找一本書，通常我們會用書名、作者或是出版社去搜尋，大概不會用作者性別或是書的價格下去搜尋，這時書名、作者與出版社就會建立索引，而性別與價格就不會建立索引。

索引是用空間換時間，所以索引建立的越多，儲存空間需要的也越多。此外，建立太多幾乎用不太到的索引可能會在查詢的時候，系統選到錯誤的，反而讓效率提升不起來。雖然在大部分的情況下，我們只要掌握幾個關鍵原則以及預設的屬性就可以讓資料搜尋效率大大提升，但多知道一些索引的特性，在資料量倍增的時候，影響的效能還是會有感的。

8-2 建立方式

建立索引可以在 MongoDB shell 下指令，指令為 createIndex(<key>, <options>)，例如要在 test 資料庫 member 資料表的 name 欄位建立順向排序索引，指令如下。傳回的字串 name_1 為該索引的預設名字。

```
# MongoDB shell
test> db.member.createIndex({ 'name': 1 })
# Output
name_1
```

要列出資料表上的索引資訊，呼叫 getIndexes()即可。

```
# MongoDB shell
test> db.member.getIndexes()
# Output
[
  { v: 2, key: { _id: 1 }, name: '_id_' },
  { v: 2, key: { name: 1 }, name: 'name_1' }
]
```

除了使用指令建立索引外，也可以在 Compass 中透過圖形介面建立索引。在 Compass 中建立索引的位置是選擇某個資料表後點選 Indexes 分頁，就可以看到「CREATE INDEX」按鈕。建議讀者可以盡量使用這個方式建立與管理索引。

若要在 Python 程式中建立索引，程式碼如下。

```
# Python 程式
import pymongo

client = pymongo.MongoClient()
db = client.test
db.member.create_index({ 'name': 1 })
```

以上三種方式建立索引都可以在資料表或資料庫不存在時建立，建立完後，MongoDB 會自動幫我們建立好資料庫與資料表。由於索引是依附於某個資料表，因此當我們將資料表刪除後，資料表上的索引也就跟著刪除了，如果要再使用的話就需要重新建立。

8-3 索引種類

這一節將說明各種索引的用途。

8-3-1 單一欄位索引

單一欄位索引是最常用的索引，我們只要針對查詢中經常會拿來做查詢條件的欄位設定索引即可。例如在 AQI 空氣品質指標資料中，我們經常會使用 SiteName 來設定查詢條件，這時 SiteName 就需要建立索引。建立索引時，索引名稱可以省略，MongoDB 會自動幫我們取名字。選好要建立索引的欄位後，接著要選擇這個索引是順向（asc）或逆向（desc）索引，對單一欄位索引而言，順向或逆向不重要，隨便挑一個即可。另外兩個選項 2dsphere 與 text 用於經緯度座標與全文檢索，目前與欄位 SiteName 沒有關係，之後再說明。

按下「CREATE INDEX」後可以看到 AQI 資料表有兩個索引，一個是預設的_id 欄位所建立的索引，這個索引我們不可以修改也無法刪除，另外一個就是我們剛剛在 SiteName 上建立的索引。從這張列表上還可以看出每個索引佔用的硬碟空間與使用次數。

現在在 MongoDB shell 中我們用 SiteName 來當查詢條件，看看建立的索引是否發揮效用。

```
# MongoDB shell
opendata> db.AQI.find({ SiteName: '豐原' })
```

重新整理一下 Compass 畫面，應該可以看到 idx_sitename 這個索引被使用 1 次了。

當使用者使用別的欄位作搜尋條件時，在 SiteName 欄位上所建立的索引不會被使用，所以使用次數不會增加，代表這個索引對該次搜尋而言並沒有幫助。

8-3-2 複合欄位索引

複合欄位索引可以讓一個索引中包含多個欄位，例如我們會以 County 與 SiteName 這兩個欄位同時當成搜尋條件時，就應該將 County 與 SiteName 這兩個欄位合在一起建立一個索引。

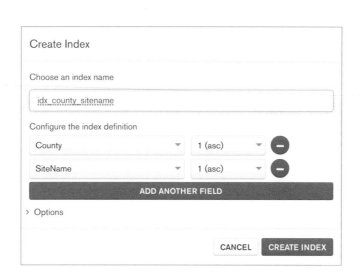

建立完成後在索引列表上可以看到 County 與 SiteName 合在一起的複合欄位索引,如下圖。

接下來需要知道哪些查詢會使用到這個索引,首先,當然同時使用 County 與 SiteName 來當搜尋條件時一定會使用到,例如。

```
opendata> db.AQI.find({ County: '臺中市', SiteName: '豐原' })
```

除此之外,任何搜尋只要 County 這個欄位在搜尋條件中出現,就會使用到這個索引,包含單一條件 County,例如下面兩個搜尋都會使用到索引。

```
# MongoDB shell
opendata> db.AQI.find({ County: '臺中市' })
opendata> db.AQI.find({ County: '臺中市', PublishTime: '2021/12/07
20:00:00' })
```

要特別注意的是,如果搜尋條件中只有 SiteName 而沒有 County 時,是不會使用到索引的。換句話說,如果會單獨或是以 SiteName 欄位為主的搜尋，必須再建立 SiteName 欄位的單一欄位索引或複合欄位索引，才能加快此情況時的搜尋速度。

索引前綴與索引排序

上一小節我們看到，如果是複合欄位索引，即便查詢條件沒有使用到索引中的所有欄位時，某些查詢也會啟動該索引，這是因為索引前綴（index prefixes）造成的效果。也就是說若查詢條件欄位屬於索引前綴的話，該查詢一樣會使用到索引。舉個例子，若有個複合欄位索引，包含了 a、b、c 三個欄位，且這三個欄位的索引排序設定為 a、b 順向 c 逆向，如下。

```
# MongoDB shell
test> db.test.createIndex({ a: 1, b: 1, c: -1 })
```

上面這個複合欄位索引的索引前綴如下。

```
{ a: 1 }
{ a: 1, b:1 }
```

根據索引前綴，使用 a 欄位當成查詢條件，或者同時使用 a、b 兩個欄位當查詢條件時，都會使用到這個索引。當然同時使用 a、b、c 三個欄位時也會使用這個索引。換句話說，只要查詢條件沒有包含欄位 a，就不會使用到這個索引。

以上是在查詢結果不排序時使用到索引的時機，接下來探討如果查詢結果下了排序指令是否會啟動索引。我們已經知道建立索引時，可以選擇順向排序索引或是逆向排序索引，如果是單一欄位索引，順向或逆向沒有差異。也就是說，當查詢結果需要排序時，不論是順向還是逆向，MongoDB 都會使用到該欄位索引。如果是複合欄位索引，各欄位的順序就會決定查詢時是否會使用到該索引了，以剛剛建立的{ a: 1, b: 1, c: -1 }索引為例,來看哪些排序會用到這個索引。首先將索引與索引前綴列出來,如下。

```
{ a: 1, b: 1, c: -1 }
{ a: 1, b: 1 }
{ a: 1 }
```

然後將上面的排序反相後列出,如下。

```
{ a: -1, b: -1, c: 1 }
{ a: -1, b: -1 }
{ a: -1 }
```

若我們的排序符合上面這六種狀況之一,就會使用到索引,例如下面這幾種查詢都會啟動索引。

```
# MongoDB shell
test> db.test.find().sort({ a: 1, b: 1, c: -1 })
test> db.test.find().sort({ a: -1, b: -1 })
test> db.test.find().sort({ a: -1 })
```

換句話說,只要排序方式不屬於上面六種中的任何一種,就不會使用到索引,例如下面這幾種排序方式都不會啟動索引。

```
# MongoDB shell
test> db.test.find().sort({ a: 1, b: -1 })
test> db.test.find().sort({ a: -1, b: 1 })
test> db.test.find().sort({ b: -1, c: 1 })
```

現在將搜尋條件與排序加在一起,此時只要搜尋可以使用索引或排序可以使用索引,合在一起就會使用索引,因此下面這幾個例子都會使用到索引。

```
# MongoDB shell
test> db.test.find({ a: 'on' }).sort({ c: 1 })
test> db.test.find({ a: 'on' }).sort({ b: -1 })
test> db.test.find({ c: 'light' }).sort({ a: -1, b: -1 })
```

8-3-3 多鍵索引

若欄位的資料型態為陣列，則由該欄位建立的索引稱為多鍵索引。
MongoDB 會為陣列中的每一個元素建立索引，因此搜尋陣列中的元素
時會非常有效率地進行。首先在資料庫中輸入下面這一份文件。

```
# MongoDB shell
test> db.course.insertMany(
[
    {
        student: 'S1',
        courseList: ['物理', '電子學', '機率']
    },
    {
        student: 'S2',
        courseList: ['物理', '電子學', '機率', '音樂欣賞']
    },
    {
        student: 'S3',
        courseList: ['物理', '音樂欣賞']
    }
]
)
```

然後在 courseList 欄位上建立索引，由於 courseList 欄位內容為陣列，
因此稱此索引為多鍵索引。

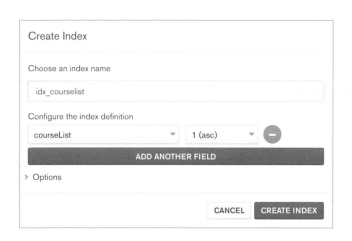

這時只要搜尋這個陣列中的元素時就會使用到這個索引了，例如下面這個搜尋。

```
# MongoDB shell
test> db.course.find({ courseList: '機率' })
```

以上的資料是陣列內容不是子文件時，若陣列內容為子文件，例如下面這樣的資料。

```
# MongoDB shell
test> db.course_doc.insertMany([
    {
        'student': 'S1',
        'courseList': [
            { 'title': '機率', 'score': 80 },
            { 'title': '音樂欣賞', 'score': 70 }
        ]
    },
    {
        'student': 'S2',
        'courseList': [
            { 'title': '物理', 'score': 85 },
            { 'title': '機率', 'score': 70 },
            { 'title': '音樂欣賞', 'score': 50 }
        ]
```

```
        },
        {
            'student': 'S3',
            'courseList': [
                { 'title': '物理', 'score': 50 },
                { 'title': '音樂欣賞', 'score': 70 }
            ]
        }
    ])
```

針對這類型的陣列資料，我們可以對其中想要的欄位建立多鍵索引，
例如「course.title」或是「course.score」，如下。

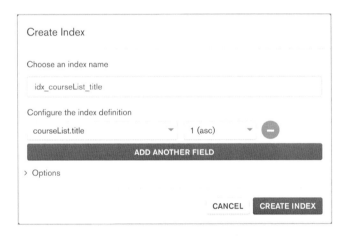

也可以透過萬用字元「$**」建立子文件中所有鍵值索引，這樣不論是
搜尋課程名稱（title）還是分數（score），都會使用到索引。建立方式
如下。

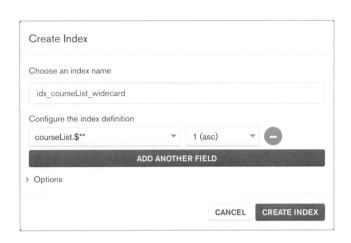

下面這樣的搜尋條件（找出有成績不及格的學生）就會啟動索引了。

```
# MongoDB shell
test> db.course_doc.find({ "courseList.score": { $lt: 60 } })
```

8-3-4 文字索引

文字索引是針對文件中的字串欄位建立索引，之後在進行全文搜尋時可以加快速度，但可惜目前並不支援中文。我們先在資料庫中加入下列文件。這份文件為新聞資料，所以有 title 與 content 兩個欄位，裡面的內容是從 National Geographic 網站上隨意節錄的兩篇文章。

```
# MongoDB shell
test> db.news.insertMany([
    {
        title: 'These are our favorite science photos of 2021',
        content: 'A volcano revealed, a lung x-rayed, a rocket launched'
    },
    {
        title: 'How Christmas markets became a classic holiday tradition',
        content: 'Every holiday season, Christmas markets transform the
main squares of cities across Europe into winter wonderlands.'
    }
])
```

接下來針對這兩個欄位建立文字索引，由於一個資料表只能建立一個文字索引，所以如果有兩個欄位都需要文字索引，可以使用複合欄位索引的方式，把多個欄位包在一個索引中。欄位的索引類型要選 text，如下圖。

使用這個索引進行全文檢索時，需使用 $text 指令，如下。

```
# MongoDB shell
test> db.news.find({ $text: { $search: 'holiday' }})
```

參數 $search 放要搜尋的關鍵字，預設是大小寫不分，如果要區分大小寫，加上 $caseSensitive 參數即可，如下。

```
# MongoDB shell
test> db.news.find({
    $text: {
        $search: 'holiday',
        $caseSensitive: true
    }
})
```

搜尋時，英文中常見的定冠詞或介係詞會被忽略。此外，$search 中可以放多個關鍵字，中間用空白鍵隔開即可。若關鍵字前加上「-」表示否定，也就是這個關鍵字不要出現在搜尋結果中，例如，搜尋關鍵字 rocket，但排除 2021。

```
# MongoDB shell
test> db.news.find({
    $text: {
        $search: 'rocket -2021'
    }
})
```

目前文字索引支援的語言並不多，讀者可以自行至 MongoDB 官網察看，支援列表可能會因為新的版本發佈而有所異動。官網網址太長，短網址如下：https://reurl.cc/l9bXD6。

8-3-5 2dsphere 球體座標索引

若我們有一份含經緯度座標的資料，且格式符合 GeoJSON，我們就可以對經緯度座標所在的欄位建立 2dsphere 索引，有一些針對經緯度座標查詢的指令就會使用到這個索引，例如我們想要找出離目前所在位置最近的餐廳，或是 10 公里內所有的飯店，並且由近到遠做排序。

GeoJSON 格式如下，其中欄位 type 表示 coordinates 中的資料是地圖上的一個點、一條線還是一個區域，Point 代表一個點；欄位 coordinates 中的資料為經緯度座標，先經度再緯度放置於陣列中，例如下面這份資料表示淡水紅毛城所在的位置。

```
"geometry": {
    type: "Point" ,
    coordinates: [121.433018, 25.175557]
}
```

GeoJSON 中定義的 type 除了 Point 外,還有其他的類型,例如 LineString。下面這份資料表示淡水紅毛城與漁人碼頭間的直線,所以第一個座標為紅毛城位置,第二個座標為漁人碼頭位置,根據 LineString 型態,我們就可以在地圖上畫條直線了。

```
"geometry": {
   type: "LineString" ,
   coordinates: [
      [121.433018, 25.175557], [121.414378, 25.183304]
   ]
}
```

如果要表示一個區域範圍,使用的 type 為 Polygon。下面這份資料表示一個三角形區域,使用 Polygon 時,座標頭尾必須接在一起形成一個環,因此有四個座標點。

```
"geometry": {
   type: "LineString" ,
   coordinates: [
      [
         [lon0, lat0],
         [lon1, lat1],
         [lon2, lat2],
         [lon0, lat0]
      ]
   ]
}
```

常見到的類型就這三種,其他一些類型都是這三種類型變形而來,例如 MultiPoint,就是在一個 coordinates 欄位中存放好幾個座標點,如下。

```
"geometry": {
   type: "MultiPoint" ,
   coordinates: [
      [lon0, lat0],
      [lon1, lat1],
```

```
        [lon2, lat2]
    ]
}
```

現在我們可以在 geometry 欄位上建立 2dsphere 索引了，如下。建立完成後就可以在 aggregation 中使用$geoNear 指令找出想要的座標資料了。

在政府資料開放平臺上的許多資料都包含了經緯度座標，只不過大部分都不是 GeoJSON 格式，需要先自行轉換一下後再儲存進 MongoDB。如果我們需要自己建立 GeoJSON，可以連至網站 http://geojson.io，可以讓我們很方便的取得 GeoJSON 資料。

8-3-6 2d 平面座標索引

非 GeoJSON 格式或座標並非在球體上時，可以建立 2d 類型的索引。先在資料庫中輸入下面這四筆資料。

```
# MongoDB shell
test> db.loc.insertMany([
    { p: [0, 0] },
    { p: [0, 1] },
```

```
  { p: [1, 0] },
  { p: [1, 1] }
])
```

可以將這四筆資料視為一個平面座標系中的四個頂點。

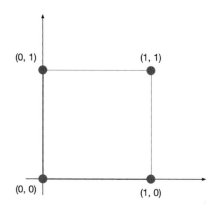

建立 2d 索引必須使用指令，無法在 Compass 中建立，指令如下。

```
# MongoDB shell
test> db.loc.createIndex({ p: '2d' })
```

之後跟座標查詢的運算子就可以使用到這個索引了，例如 $near 運算子。下面這個查詢可以由近到遠列出距離座標點 (0.7, 1.2) 的資料。

```
# MongoDB shell
test> db.d.find({ p: { $near: [0.7, 1.2] }})
# Output
[
  { _id: ObjectId("61efa06f996aff0891c79625"), p: [ 1, 1 ] },
  { _id: ObjectId("61efa06a996aff0891c79623"), p: [ 0, 1 ] },
  { _id: ObjectId("61efa06d996aff0891c79624"), p: [ 1, 0 ] },
  { _id: ObjectId("61efa065996aff0891c79622"), p: [ 0, 0 ] }
]
```

8-3-7 特定語系索引

前面第 3 章中提到了中文字的排序結果若要按照筆畫數來排序的話需要設定語系，因此相對映的索引也要建立在正確的語系上才有用，不同語系的索引是互相獨立的。下圖是建立依中文筆畫數來排序的索引。

現在下面這個查詢就會使用到上圖所建立的索引了，但目前看起來只針對中文的第一個字進行排序。

```
# MongoDB shell
opendata> db.AQI.find(
    {'County': '臺北市'},
    {'SiteName': 1, '_id': 0}
).collation({'locale': 'zh_Hant'}).sort('SiteName')
# Output
[
  { SiteName: '士林' },
  { SiteName: '大同' },
```

```
  { SiteName: '中山' },
  { SiteName: '古亭' },
  { SiteName: '松山' },
  { SiteName: '陽明' },
  { SiteName: '萬華' }
]
```

8-3-8 萬用字元索引

我們可以對文件建立萬用字元索引,例如欄位為「$**」時表示該文件的所有欄位包含子文件中的所有欄位全部建立單一欄位索引。

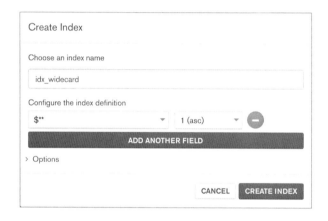

當我們使用「$**」來建立索引時,可以再使用 wildcardProjection 排除不需要建立索引的欄位來節省硬碟空間,例如 Status 與 AQI 這兩個欄位不需要建立索引時,可以如下圖這樣設定,只要在欄位後方填入 0 就可以排除掉。

Create Index

Choose an index name

idx_widecard

Configure the index definition

$**　　　　　▼　　1 (asc)　　▼　　⊖

ADD ANOTHER FIELD

∨ Options
☐ Build index in the background ⓘ
☐ Create unique index ⓘ
☐ Create TTL ⓘ
☐ Partial Filter Expression ⓘ
☐ Use Custom Collation ⓘ
☑ Wildcard Projection ⓘ

{ "Status": 0, "AQI": 0 }

CANCEL　　CREATE INDEX

既然填 0 可以排除欄位，若改成 1 就變成僅限該欄位建立索引，例如下圖這樣設定時，相當於只有欄位 SiteName 為索引，其他所有欄位都不建立索引。

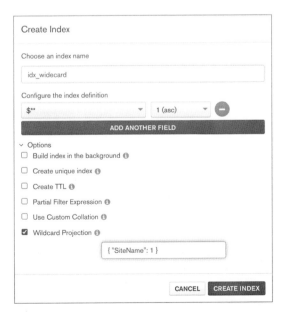

Create Index

Choose an index name

idx_widecard

Configure the index definition

$**　　　　　▼　　1 (asc)　　▼　　⊖

ADD ANOTHER FIELD

∨ Options
☐ Build index in the background ⓘ
☐ Create unique index ⓘ
☐ Create TTL ⓘ
☐ Partial Filter Expression ⓘ
☐ Use Custom Collation ⓘ
☑ Wildcard Projection ⓘ

{ "SiteName": 1 }

CANCEL　　CREATE INDEX

8-4 索引屬性

8-4-1 Unique

當索引設定了 unique 屬性後，這個欄位的值就不能重複。其實 _id 就是被設定了 unique 屬性，因此 _id 的值無法重複。下圖為使用 Compass 在 email 這個欄位上建立 unique 索引，只要將 unique index 核取方塊勾選起來就可以了。

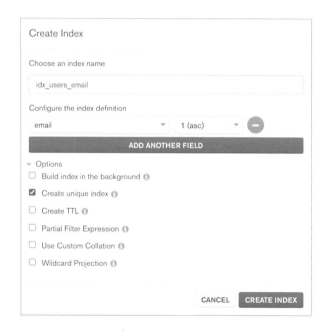

如果要在 MongoDB shell 中來建立，指令如下。

```
# MongoDB shell
test> db.test.createIndex({ email: 1 }, { unique: true })
```

Unique 索引建立完成後，當在這個欄位輸入重複資料就會得到錯誤訊息。此外，unique 索引可以接受一個 null 值，但也僅限一個，第二個

null 就會產生資料重複的錯誤了。在 Python 中可以使用 try except 語法
攔截資料重複錯誤。

```python
# Python 程式
import pymongo

client = pymongo.MongoClient()
db = client.test
try:
    db.users.insert_one({ 'email': 'someone@mail.com' })
except pymongo.errors.DuplicateKeyError as error:
    print(error)
```

複合欄位索引也可以設定 unique 屬性，這時如果只看複合欄位中的任
何一個欄位，內容都有可能重複，只有複合欄位中的所有欄位值合在
一起檢視時，才能保證資料不重複。例如下表中的兩個欄位合在一起
設定了 unique 索引，此時只有這兩個欄位中的資料一起檢視，資料才
不會重複，單看 name 或是 item 的內容，資料都有可能會重複。

name	item
Mary	鉛筆
Mary	原子筆
David	橡皮擦
David	鉛筆

建立上面複合欄位的 unique 索引指令如下。

```
# MongoDB shell
test> db.test.createIndex( {'name': 1, 'item': 1 }, { unique: true } )
```

建立完成後輸入幾筆資料試試看，只有兩個欄位合在一起的資料有重
複時，才會得到錯誤訊息。

8-4-2 TTL

這個索引可以設定一個到期期限（單位秒），只要超過該期限的資料就會被自動刪除，因此這個屬性的索引必須作用在 Date 型態的欄位上才會發揮效果。下面這段程式碼會在 test 資料庫的 data 資料表插入一筆不帶時區的日期到 currentDate 欄位。

```python
# Python 程式
import pymongo
from datetime import *

client = pymongo.MongoClient()
db = client.test
db.data.insert_one({'currentDate': datetime.utcnow()})
```

執行這段程式後在 Compass 中建立這個欄位的索引，並且設定 TTL 屬性，到期時間設定為 10 秒。先執行程式後建立索引，或者先建立索引後執行程式都可以。

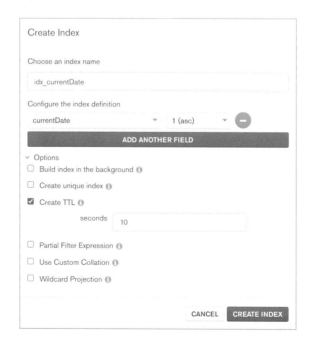

若要使用指令方式建立索引，指令如下。

```
# MongoDB shell
test> db.test.createIndex( { currentDate: 1 }, { expireAfterSeconds:
10 } )
```

索引建立完後，剛剛新增的資料在逾時 10 秒後會自動被系統刪除，但不一定 10 秒一到就立刻刪除，有時會稍微延遲一小段時間。

8-4-3 Partial

由於索引會額外佔用硬碟空間來儲存索引資料，如果想要節省硬碟空間又不想犧牲查詢效能的話，partial 索引可以讓我們針對某個範圍內的資料建立索引。例如只針對分數大於 60 的資料建立索引，或是某個日期之後的資料建立索引，未來只要查詢的資料範圍在 partial 索引的範圍內，就會使用該索引加速查詢。以下圖而言，在 value 欄位且值大於 60 的資料建立了索引，注意這裡要使用**雙引號**。

這樣的索引支援了查詢條件大於 60 的任何指令，例如下面這幾個條件設定都會使用到上圖所建立的索引：

```
# MongoDB shell
test> db.users.find({ value: 100 })
test> db.users.find({ value: { $gte: 60 }})
test> db.users.find({ value: { $gt: 60 }})
test> db.users.find({ value: { $eq: 60 }})
test> db.users.find({ value: { $gte: 80 }})
```

但如果範圍不在 { $gte: 60 } 內，例如下面這幾個查詢，就不會使用到索引了。

```
# MongoDB shell
test> db.users.find({ value: { $gte: 50 }})
test> db.users.find({ value: { $lt: 100 }})
```

8-4-4 Sparse

Sparse 索引意思是有間隙的索引，也就是索引涵蓋的範圍只包含有索引欄位的資料。Sparse 索引必須使用指令建立，使用時也必須明確設定查詢範圍會在索引範圍內，否則 MongoDB 不會自動使用這個索引。建立 sparse 索引的指令如下。

```
# MongoDB shell
test> db.test.createIndex({ field: 1 }, { sparse: true })
```

以下面這四筆資料為例來說明 sparse 索引特性。其中 Tom 這一筆缺少了 score 欄位，Mary 這一筆雖然有 score 欄位，但內容為 null。

```
{ 'name': 'David', 'score': 70 }
{ 'name': 'Tom' }
{ 'name': 'Betty', 'score': 85 }
{ 'name': 'Mary', 'score': null }
```

我們在 score 欄位上建立 sparse 索引，所以只有資料中有 score 欄位才會被索引，因此共三筆。也順便建立一個非 sparse 索引，名稱為 normal。現在在 Python 中來完成資料輸入與索引建立，當然您要使用 MongoDB shell 來完成也可以，只要將最後一筆資料的 None 改為 null 即可。

```python
# Python 程式
import pymongo

client = pymongo.MongoClient()
db = client.test
db.test.drop()

db.test.insert_many([
    { '_id': 'David', 'score': 70 },
    { '_id': 'Tom' },
    { '_id': 'Betty', 'score': 85 },
    { '_id': 'Mary', 'score': None }
])

db.test.create_index([('score', 1)], name='normal')
db.test.create_index([('score', 1)], name='sparse', sparse=True)
```

當我們根據 score 欄位排序查詢結果時，會使用名稱為 normal 的索引，如下，並且看到查詢結果為四筆資料。稍後會說明如何得知一個查詢有沒有使用索引。

```
# MongoDB shell
test> db.test.find().sort({ 'score': 1 })
# Output
[
  { _id: 'Tom' },
  { _id: 'Mary', score: null },
  { _id: 'David', score: 70 },
  { _id: 'Betty', score: 85 }
]
```

現在透過 hint() 指定要使用哪一個索引進行查詢，這裡分別指定 normal 與 sparse 這兩個索引，結果如下。使用 normal 索引的資料會有四筆，而使用 sparse 索引的資料只有三筆。

```
# MongoDB shell
test> db.test.find().sort('score').hint('normal')
# Output
[
  { _id: 'Tom' },
  { _id: 'Mary', score: null },
  { _id: 'David', score: 70 },
  { _id: 'Betty', score: 85 }
]

test> db.test.find().sort('score').hint('sparse')
# Output
[
  { _id: 'Mary', score: null },
  { _id: 'David', score: 70 },
  { _id: 'Betty', score: 85 }
]
```

從上面的結果可以發現，透過 sparse 索引得到的查詢結果並不是全部資料，而是被放入 sparse 索引中的資料。所以當我們要查詢全部資料時，若資料範圍已經超過了 sparse 索引的範圍，就不會啟動 sparse 索引，除非使用 hint() 來強制啟動。下面這個例子是將查詢範圍明確設定在 sparse 索引範圍內，這時就會選到 sparse 索引了。

```
# MongoDB shell
test> db.test.find({ score: { $exists: true }})
```

使用 Partial 取代 Sparse

我們在上一節介紹過 partial 索引，該索引功能可以完全涵蓋 sparse 索引，所以我們也可以使用 partial 索引做到 sparse 索引的功能。將 Python 中建立 sparse 索引的程式碼改為如下程式碼，就是建立 partial 索引，功能與 sparse 索引完全一樣。

```python
# Python 程式
db.test.create_index([('score', 1)], name='sparse', sparse=True)
```

改成

```python
# Python 程式
filter = { 'score': { '$exists': True }}
db.test.create_index([('score', 1)], name='sparse',
partialFilterExpression=filter)
```

若要使用 Compass 建立，作法如下。

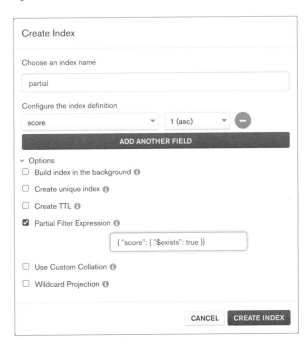

8-4-5 Hidden

設定索引為隱藏的目的是為了讓該索引失效，相當於 disable。我們想像一個場景，某個資料表已經建立了索引並且運行一段時間，但因為效能開始變差，所以決定設定一個新的索引來試試看效果。但目前系統都是使用舊索引，所以除非將舊索引刪除，否則新索引不會發揮功能，當然也可以修改程式碼，用 hint() 強制使用新索引。但大部分的情況是，我們無法修改程式碼又不敢把舊索引刪除，因為不確定新索引會不會比舊索引來得好，這時就可以先隱藏舊索引，直到確認新索引的效能比舊索引好的時候才正式刪除舊索引。

隱藏索引的指令為 hideIndex()，參數可以接索引名稱或索引所在的欄位，如下。

```
# MongoDB shell
test> db.test.hideIndex('index_name')
```

取消隱藏指令為 unhideIndex()，如下。

```
# MongoDB shell
test> db.test.unhideIndex('index_name')
```

可以從資料表的索引資訊中看出是否有隱藏的索引。

```
# MongoDB shell
test> db.test.getIndexes()
# Output
[
  { v: 2, key: { _id: 1 }, name: '_id_' },
  { v: 2, key: { name: 1 }, name: 'index_name', hidden: true }
]
```

8-5 分析與指定索引

要如何確定查詢指令是否用到了索引，可以在 MongoDB shell 中使用 explain() 函數，如下。

```
# MongoDB shell
test> db.collection.find().explain()
```

或是

```
# MongoDB shell
test> db.collection.explain().find()
```

從輸出結果中找到「queryPlanner.winningPlan.inputStage」欄位，從這裡可以看出這個查詢是否用到了索引，以及哪個索引。下面的範例可以知道，這個查詢使用了名稱為「idx_course_widecard」的索引。

```
# Output
{
  explainVersion: '1',
  queryPlanner: {
    …
    winningPlan: {
      …
      inputStage: {
        …
        indexName: 'idx_course_widecard',
    …
}
```

如果查詢沒有用到索引時，explain() 的輸出結果在 winningPlan 欄位中不會出現 inputStage 欄位，所以我們就知道這個查詢並沒有使用到索引了。除了在 MongoDB shell 下指令察看之外，也可以使用 Compass 中的 Explain Plan 分頁來察看，如下圖。建議可多使用此方式，清楚又一目了然。

若資料表中有兩個索引，而查詢時 MongoDB 預設選到的索引可能不是最好的索引時，可以使用 hint(<index_name>) 來強制 MongoDB 使用指定的索引。這個函數在 MongoDB shell 中與 Python 中語法都一樣，下面以 MongoDB shell 為範例。

```
# MongoDB shell
test> db.collection.find().hint('index_name')
```

絕大多數時，我們不需要特別調整 MongoDB 預設使用的索引，我們只需要確認 MongoDB 有沒有使用到我們建立的索引即可。

Chapter

09

複寫

9-1 何謂複寫

複寫（replication）就是讓多個 MongoDB server 擁有一樣的資料。啟用複寫功能後，可以將多個 server 集合起來形成一個群組，並稱這個群組為複寫集，複寫集中的每個 server（稱為複寫集成員）所擁有的資料會自動同步，最後大家的資料都是一樣的。例如下圖是一個具有三個成員的複寫集，每個成員的資料都相同。

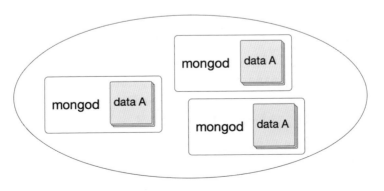

使用複寫集最重要的目的就是提高資料可用性。當資料只在一部主機，而該主機故障時，整個服務就會中斷。但如果有兩部主機都有同樣資料，在其中一部主機故障後至少還有另一部主機可以提供有限度服務。如果複寫集中有三部主機的話，甚至可以允許任何一部主機故障，服務完全不中斷。

此外，由於複寫集的成員擁有同樣的資料，所以客戶端在讀取資料時（僅限讀取）可以從不同主機讀取，這樣可以避免系統負荷全部集中在一部主機上。

使用複寫還有另外一個目的，就是可以使用交易（transaction）。交易功能可以讓資料異動後還有機會可以恢復到異動前狀態，詳情請見第11 章。

9-2 複寫集成員

一個複寫集中有三種角色：Primary（主要伺服器）、Secondary（次要伺服器）與 Arbiter（仲裁者）。主要伺服器提供客戶端完整存取服務；次要伺服器目的為儲存並同步主要伺服器資料；仲裁者只有在選舉誰要當主要伺服器時出來投票，沒其他功能，也不儲存主要伺服器資料。複寫集中只能有一個主要伺服器，可以有多個次要伺服器，仲裁者可有可無，若複寫集中有配置仲裁者的話，一般而言只有一個，多個也可以，但不建議。複寫集的成員數量，最少一個，最多五十個。正式上線系統，建議至少三個，這樣具有一個容錯能力，也就是一個成員故障時完全不會影響整個系統運作。

三成員的複寫集是常見的架構，包含了一個 Primary 加上兩個 Secondary，稱為 PSS 架構，如下圖。

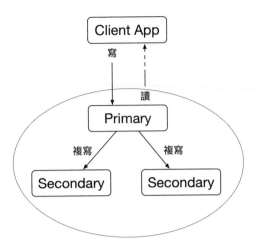

另外一種三成員複寫集的成員是 Primary、Secondary 與 Arbiter 各一，稱為 PSA 架構，如下圖。

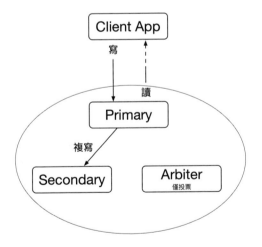

三成員的複寫集可以有一個容錯能力，意思是任何一個成員損毀時整體服務不會受到影響。例如在 PSS 架構中，任何一個 Secondary 壞掉，不會影響整體運作；如果是 Primary 壞掉，剩下兩個 Secondary 會投票選出一個新的 Primary，服務繼續。另外一種 PSA 架構中，如果 Secondary

或 Arbiter 任何一個壞掉，不影響服務，如果是 Primary 壞掉，剩下唯一的 Secondary 會變成 Primary，繼續服務。

當複寫集只有一個成員時，該成員一定是 Primary，此時複寫集無容錯能力也無備援功能，通常在教學時使用。兩個成員的複寫集，若其中一個是 Primary 另一個為 Secondary，這時任何一個成員故障都會導致服務中斷，只是資料還有一個備份而已。如果兩成員複寫集一個是 Primary 另一個是 Arbiter，這時既無容錯能力也沒有資料備份，建立這樣的複寫集沒有意義，徒增建置成本而已。當然複寫集成員越多，系統容錯能力就越強，但建置成本就越高。所以想要有容錯能力又要有備援功能的複寫集，最少需要三個成員。

9-2-1 選舉與投票

複寫集舉行選舉目的是為了選出誰是 Primary。選舉時，擁有超過一半票數的成員會成為 Primary。意思是三個成員的複寫集，要成為 Primary 至少需要兩票。假設目前複寫集中只有兩個成員，其中一個是 Primary 另一個是 Secondary，要成為 Primary 必須有兩票。若此時 Secondary 故障（下圖左），這時開始選舉，原本的 Primary 投給自己一票，選舉結束後，它只得到一票，因此降級為 Secondary，此時複寫集中無 Primary 存在（下圖右）。若是 Primary 故障，未故障的 Secondary 在選舉結束後，票數一樣未過半，所以也不會升級為 Primary，複寫集還是一樣沒有 Primary 存在。

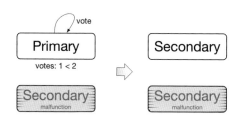

若是三成員 PSS 複寫集，要成為 Primary 的票數為兩票，因為一半的票數是 1.5 票，取天花板（ceil）後為 2 票。假設 Primary 故障，此時左邊的 Secondary 給自己一票，右邊的 Secondary 給左邊一票，最後左邊 Secondary 得到兩票（下圖左），因此升級為 Primary（下圖右）。

若是三成員 PSA 複寫集，選舉與投票結果跟 PSS 類似，唯一的差別就是 Arbiter 永遠不會成為 Primary 而已，如下圖。

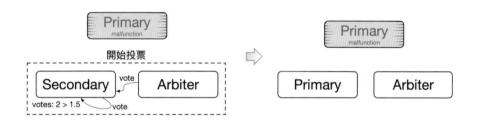

所以不論是 PSS 或是 PSA，如果只故障一個成員，剩下的兩個成員一定可以選出 Primary，複寫集中只要有 Primary 存在，服務就不會中斷。

容錯能力會依照複寫集的成員數量來確定，成員數量越多的複寫集，容錯能力自然就越好。下表列出複寫集中的成員數、Primary 的最小得票數以及容忍損壞數（也就是容錯能力）。從表中可以發現，當成員數為奇數的容錯能力與該成員數加一的容錯能力一樣。從建置成本考量下，成員數量大於三的複寫集應該是奇數比較符合經濟效益。

成員數	Primary 的最小得票數	容忍損壞數
1	1	0
2	2	0
3	2	1
4	3	1
5	3	2
6	4	2
7	4	3

複寫集的成員並不是每個都有投票資格,因為要快速的選出 Primary,所以複寫集最多只有七個成員可以投票,預設是前七個加入複寫集的成員。如果沒有這樣的限制,五十個成員的複寫集就要花太多時間在選舉 Primary 上,這會讓服務中斷時間太長。

複寫集會在以下幾種狀況時啟動選舉機制:一、有新的成員加入複寫集;二、初始化複寫集;三、手動降級 Primary 或是修改複寫集設定,例如調整得票優先權;四、Primary 沒有回應心跳協定,預設為 10 秒鐘。以上四種狀況發生時,複寫集就要開始選舉了。

9-2-2 仲裁

Arbiter 在複寫集中的功能只有投票,當需要選舉時,Arbiter 會出來投票,平常時間 Arbiter 沒有事情做。Arbiter 能夠做的事情 Secondary 都可以做,而且 Secondary 還可以儲存 Primary 的資料,那為什麼複寫集中需要 Arbiter 呢?唯一理由就是系統建置成本考量。以 PSS 架構為例,三個成員的軟硬體成本是一樣的,所有設備必須為三套獨立系統。如果是 PSA 架構的話,Arbiter 可以使用便宜的電腦,儲存空間也不用很大,相當於少了三分之一的建置成本。

9-2-3 心跳

複寫集每個成員都會使用心跳協定（heartbeat）來確認其他成員的狀態，預設的心跳間隔時間為 2 秒，且對方必須在 10 秒內回應，沒回應會被標記為無法連線。換句話說，如果現行 Primary 因故無法在設定的時間內回應心跳訊息，複寫集將啟動選舉程序選出新的 Primary。

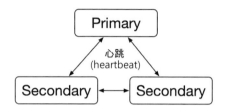

9-2-4 Oplog

當 Primary 的資料有所異動時，例如客戶端要新增一筆資料到複寫集，此時該筆資料並不是同步寫到所有成員，而是先寫到 Primary 的 oplog 資料表，其他 Secondary 成員會在每次心跳時間時順便檢查 Primary 的 oplog 中是否有新的指令，如果有，會以非同步方式抓回到自己的 oplog 資料表中並且執行該指令，這樣 Secondary 的資料庫內容就會跟 Primary 一樣了。由於複寫集的每一個成員都有一份 oplog 資料表（Arbiter 除外），所以並不需要每次都從 Primary 的 oplog 抓資料，從其他 Secondary 成員一樣可以取得新的 oplog。

Oplog 資料表是一個固定大小的資料表，如果已經放滿資料了，新的資料會覆蓋掉最舊的資料，類似環狀佇列。這代表異動指令在 oplog 中只會被覆蓋而不會被刪除，所以我們可以下指令實際看到 oplog 中的異動指令。Oplog 的大小可以下指令修改，不過預設的大小應該可以滿足絕大多數的需求。如果需要知道目前的 oplog 大小，使用 rs.printReplicationInfo() 便可以得知。

```
# MongoDB shell
rs0 [direct: secondary] test> rs.printReplicationInfo()
# Output
actual oplog size
'192 MB'
---
configured oplog size
'192 MB'
---
log length start to end
'55102 secs (15.31 hrs)'
---
oplog first event time
'Tue Dec 14 2021 19:37:41 GMT+0800 (台北標準時間)'
---
oplog last event time
'Wed Dec 15 2021 10:56:03 GMT+0800 (台北標準時間)'
---
now
'Wed Dec 15 2021 10:56:09 GMT+0800 (台北標準時間)'
```

Oplog 資料表位於本地端的 local 資料庫中，所有的異動指令放在該資料庫的 oplog 資料表中的 rs 欄位內，用查詢指令就可以看到還沒被覆蓋掉的異動指令了。

```
# MongoDB shell
rs0 [direct: secondary] test> use local
# Output
switched to db local

rs0 [direct: secondary] local> db.oplog.rs.find()
# Output
[
  {
    op: 'n',
    ns: '',
    o: { msg: 'initiating set' },
    ts: Timestamp({ t: 1639481861, i: 1 }),
```

```
    v: Long("2"),
    wall: ISODate("2021-12-14T11:37:41.107Z")
  },
  {
    op: 'c',
    ns: 'config.$cmd',
    ui: UUID("e776d9d8-bc3f-41f1-b8a7-ecfe078caf4d"),
    o: {
      create: 'transactions',
      idIndex: { v: 2, key: { _id: 1 }, name: '_id_' }
    },
    ts: Timestamp({ t: 1639481861, i: 3 }),
    t: Long("1"),
    v: Long("2"),
    wall: ISODate("2021-12-14T11:37:41.239Z")
  },
  …
```

現在我們連進 Primary，然後新增一筆資料，如下：

```
# MongoDB shell
rs0 [direct: primary] test> db.ec.insertOne({name: 'Tom'})
```

等一個心跳時間後，隨意連進一個 Secondary，看看剛剛在 Primary 的新增指令是否在 Secondary 的 oplog 中出現。我們不會看到「insertOne」這樣的字串出現，因為所有的異動指令已經轉換成 oplog 格式，例如欄位 { op: 'i' } 代表了 insert，如果是 u 代表 update。要異動的資料表放在欄位 ns 中，實際新增的資料則是在欄位 o 裡面。

```
# MongoDB shell
rs0 [direct: secondary] local> db.oplog.rs.find({ ns: 'test.ec' })
# Output
[
  {
    lsid: {
      id: UUID("5d8b44ec-31b8-46f7-9854-fa201e6968e2"),
```

```
    uid: Binary(Buffer.from("e3b0c44298fc1c149afbf4c8996fb92427ae4
1e4649b934ca495991b7852b855", "hex"), 0)
  },
  txnNumber: Long("3"),
  op: 'i',
  ns: 'test.ec',
  ui: UUID("cfa7695d-840b-4d2c-ad3f-34332be9cf19"),
  o: { _id: ObjectId("61b961c7be179f54c6d270fd"), name: 'Tom' },
  ts: Timestamp({ t: 1639539143, i: 2 }),
  t: Long("8"),
  v: Long("2"),
  wall: ISODate("2021-12-15T03:32:23.709Z"),
  stmtId: 0,
  prevOpTime: { ts: Timestamp({ t: 0, i: 0 }), t: Long("-1") }
  }
]
```

9-3 模擬部署演練

這一節要實際在我們的電腦上部署一個小型的三成員複寫集。我們會在同一部電腦上啟動三個 MongoDB server，並且也在同一部電腦上執行 client 端程式（mongosh 或 Python）與複寫集中的 Primary 連線。

請 Windows 的讀者務必在系統服務中確認 MongoDB server 是否已經停止執行。此外，使用 macOS 與 Linux 讀者，也請先停掉目前執行中的 MongoDB server。不論是哪一個作業系統，都務必確認目前您的電腦中沒有任何 MongoDB server 在前景或是背景執行。

9-3-1 PSS 架構

部署 PSS 架構的複寫集比 PSA 簡單一點，我們先來試試這個架構。在同一部電腦上要順利啟動多個 MongoDB server 是沒有問題的，只要這些 server 使用的埠號以及硬碟中的資料儲存位置不一樣即可，所以請先在電腦中建立三個目錄，分別是 data/0、data/1 與 data/2。然後三個 server 使用的埠號分別是 20000、20001 與 20002。複寫集名稱取名為 rs0，這個名稱可以任意取。

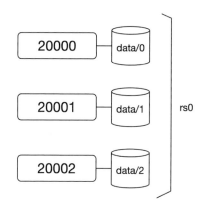

接下來開啟三個命令提示字元或終端機視窗，分別執行 mongod 指令，並透過參數設定埠號，如下。

```
第一個終端機要執行的指令
$ mongod --port 20000 --dbpath ./data/0 --replSet rs0

第二個終端機要執行的指令
$ mongod --port 20001 --dbpath ./data/1 --replSet rs0

第三個終端機要執行的指令
$ mongod --port 20002 --dbpath ./data/2 --replSet rs0
```

上述三個指令都執行完後，您的電腦上就同時執行了三個 MongoDB server。然後我們再開啟一個命令提示字元或終端機，使用 MongoDB shell 連進埠號 20000 的 server，我們要在這個 server 做複寫集的初始化設定。

```
$ mongosh --port 20000
```

連進 20000 後先初始化複寫集，執行 rs.initiate()，這個指令只要執行一次即可，回傳值看到 ok 等於 1 就代表複寫集初始化成功了。這時 mongosh 的提示符號會變成「rs0 [direct: primary] test>」，代表 20000 這個 server 目前是 Primary。如果您看到的是「rs0 [direct: other] test>」時，再按一下 enter 鍵就會變成 primary 了。

```
# MongoDB shell
test> rs.initiate()
# Output
{
  info2: 'no configuration specified. Using a default configuration for
the set',
  me: 'localhost:20000',
  ok: 1
}
```

目前複寫集 rs0 只有一個成員，接下來使用 rs.add() 將埠號 20001 與 20002 加到複寫集中。

```
# MongoDB shell
rs0 [direct: primary] test> rs.add('localhost:20001')
# Output
{
  ok: 1,
  '$clusterTime': {
    clusterTime: Timestamp({ t: 1637630366, i: 1 }),
    signature: {
      hash:
Binary(Buffer.from("0000000000000000000000000000000000000000", "hex"),
0),
      keyId: Long("0")
    }
  },
  operationTime: Timestamp({ t: 1637630366, i: 1 })
}
```

```
rs0 [direct: primary] test> rs.add('localhost:20002')
# Output
{
  ok: 1,
  '$clusterTime': {
    clusterTime: Timestamp({ t: 1637630369, i: 1 }),
    signature: {
      hash:
Binary(Buffer.from("0000000000000000000000000000000000000000", "hex"),
0),
      keyId: Long("0")
    }
  },
  operationTime: Timestamp({ t: 1637630369, i: 1 })
}
```

這樣就已經部署好 PSS 架構的複寫集了。想要知道目前複寫集狀況，可以使用 rs.status() 指令察看。看到的訊息大致如下，可以看到這個複寫集目前有三個成員，以及 20000 為 Primary 其他兩個為 Secondary。

```
# MongoDB shell
rs0 [direct: primary] test> rs.status()
# Output
{
  set: 'rs0',
  ...
  },
  members: [
    {
      _id: 0,
      name: 'localhost:20000',
      health: 1,
      state: 1,
      stateStr: 'PRIMARY',
      ...
    },
    {
      _id: 1,
```

```
      name: 'localhost:20001',
      health: 1,
      state: 2,
      stateStr: 'SECONDARY',
      ...
    },
    {
      _id: 2,
      name: 'localhost:20002',
      health: 1,
      state: 2,
      stateStr: 'SECONDARY',
      ...
    }
  ],
  ...
}
```

現在我們透過 mongosh 新增一些資料，這些資料會很快同步到另外兩台 Secondary。如果您的 mongosh 現在不是連到 Primary，使用 rs.status() 查出 Primary，然後改連那一部。若要使用 Python 程式來新增資料，可以將複寫集所有成員都放到 MongoClient() 參數中，這樣 Python 會自動幫我們連進 Primary，如下。

```
# Python 程式
import pymongo
hosts = ['localhost:20000', 'localhost:20001', 'localhost:20002']
client = pymongo.MongoClient(hosts)
```

現在將 Primary 關掉，這時剩下兩台 Secondary 會進行投票選出新的 Primary。使用 MongoDB shell 重連 20001 或 20002 找出哪一台變成 Primary，然後改連新的 Primary，下 find() 指令看看資料是否已經同步過來了。我們也可以在新的 Primary 修改資料，等原本故障的電腦恢復後，新修改的資料會再自動同步回去。

9-3-2 PSA 架構

複寫集要加入 Arbiter 只要使用 rs.addArb('hostname:port') 指令就可以。但在三個成員的複寫集中如果要部署成 PSA 架構時，會被拒絕加入 Arbiter，因為從 MongoDB 5.0 開始，複寫集至少需要四個成員後才能加入 Arbiter，也就是一個 Primary，三個 Secondary 與一個 Arbiter。這樣的限制是為了防止在三成員 PSA 架構中，Primary 或 Secondary 有一個故障，客戶端寫入資料會造成非常嚴重甚至是無限期的寫入延遲。稍後會詳細說明原因。

如果因建置成本預算考量，只能建置三個成員的複寫集，並且也因為成本的考量，其中一個成員要使用 Arbiter，這時就需要透過指令解除三個成員無法部署 PSA 的限制。從 PSS 轉成 PSA，只要先用 rs.remove() 移除一個 Secondary 即可，或者您也可以選擇刪除所有資料夾後重來一遍。現在我們將 20003 埠號指定為 Arbiter，其他兩個成員使用的埠號不變。

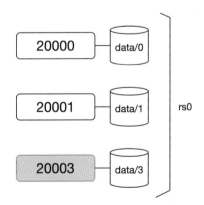

現在試著將 20003 加入複寫集，立刻得到錯誤訊息。

```
# MongoDB shell
rs0 [direct: primary] test> rs.addArb('localhost:20003')
# Output
MongoServerError: Reconfig attempted to install a config that would change
the implicit default write concern. Use the setDefaultRWConcern command
to set a cluster-wide write concern and try the reconfig again.
```

我們要修改一下系統的預設限制,首先將資料庫切換到 admin。

```
# MongoDB shell
rs0 [direct: primary] test> use admin
```

然後執行下列三個指令中的任何一個,都可以解除三成員複寫集無法加入 Arbiter 的限制,但都有一些缺點。

第一種

```
# MongoDB shell
rs0 [direct: primary] admin> db.adminCommand({
    'setDefaultRWConcern': 1,
    'defaultWriteConcern': {
        'w': 1
    }
})
```

缺點:代表異動資料只要寫入 Primary 的資料庫就會發出寫入確認通知給客戶端,至於資料有沒有同步到 Secondary 不知道。所以有可能還沒同步到 Secondary 時 Primary 就突然故障,此時 Secondary 會升級為 Primary,這時客戶端有新的資料異動產生在新的 Primary。等到原本故障的 Primary 恢復運作後,那筆在故障前尚未同步完成的資料會 rollback,於是在舊的 Primary 故障前尚未完成同步的資料就再也不見了。

第二種

```
# MongoDB shell
rs0 [direct: primary] admin> db.adminCommand({
    'setDefaultRWConcern': 1,
    'defaultWriteConcern': {
        'w': 'majority'
    }
})
```

缺點：資料除了寫入 Primary 外還要同步到大多數的 Secondary 後 Primary 才發出確認通知給客戶端。由於目前 PSA 只有一個 Secondary，所以若剛好 Secondary 故障，確認通知自然就發不出去，此時客戶端會進入無限期等待，這就是目前三成員架構預設無法加入 Arbiter 的原因。

第三種

```
# MongoDB shell
rs0 [direct: primary] admin> db.adminCommand({
    'setDefaultRWConcern': 1,
    'defaultWriteConcern': {
        'w': 'majority',
        'wtimeout': 2000
    }
})
```

缺點：加上了 'wtimeout': 2000，代表在 2000 毫秒內要確認 Secondary 是否寫入資料，否則就會逾時返回，也就是寫入確認通知最晚會在 2 秒後發給客戶端。設定 wtimeout 可以避免當一個成員故障後客戶端進入無限期等待，但是因為還是需要等待一段時間，所以當客戶端高頻率寫入資料時會造成寫入確認的延遲效果不斷累積。

由於以上三種都有缺點，最佳設定方式應當在 Primary 與 Secondary 都正常運作的情況下，採用第三種參數設定，如果 Primary 或 Secondary

09
CH

複
寫

有任何一個故障離線,此時應該將參數調整為第一種,待恢復運作後
再調整為第三種。若是 Arbiter 故障,參數都不用調整,維持原本的設
定就可以了。在 admin 資料庫中設定完上述三種參數中的任何一種後
就可以在複寫集中加入 Arbiter 了。

```
# MongoDB shell
rs0 [direct: primary] admin> rs.addArb('localhost:20003')
rs0 [direct: primary] admin> rs.status()
# Output
{
  set: 'rs0',
  ...
  },
  members: [
    {
      _id: 0,
      name: 'localhost:20000',
      health: 1,
      state: 1,
      stateStr: 'PRIMARY',
      ...
    },
    {
      _id: 1,
      name: 'localhost:20001',
      health: 1,
      state: 2,
      stateStr: 'SECONDARY',
      ...
    },
    {
      _id: 2,
      name: 'localhost:20003',
      health: 1,
      state: 7,
      stateStr: 'ARBITER',
      ...
```

```
      }
  ],
   ...
}
```

9-3-3 讀取偏好

預設情況下，客戶端存取資料都必須從 Primary 來進行，但如果需要，我們可以讓客戶端從 Secondary 讀取資料，但只限讀取。例如客戶端目前只要查詢資料，且為了減少 Primary 的系統負荷，這時我們可以讓客戶端從 Secondary 讀取資料，或者整個複寫集目前沒有 Primary，但還是可以讓客戶端讀取資料，提供有限度的服務，如下圖。

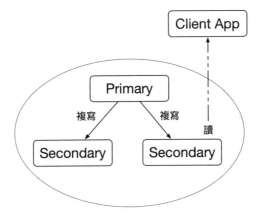

這個設定稱為讀取偏好設定，預設為 primary。若要讓客戶端從 Secondary 讀取資料，只要將讀取偏好設定為 secondary 即可，此時客戶端就可以從該 Secondary 讀取資料了，指令如下。若此時想寫入資料，會得到一個錯誤訊息，表示這個成員不是 Primary 無權限寫入。

```
# MongoDB shell
rs0 [direct: secondary] test> db.getMongo().setReadPref('secondary')
```

09
CH

複寫

如果要恢復到原本 Secondary 不允許讀取的預設值,只要將讀取偏好設定回 primary 即可,指令如下。

```
# MongoDB shell
rs0 [direct: secondary] test> db.getMongo().setReadPref('primary')
```

除了 primary 與 secondary 外,尚有其他幾種偏好設定,如下表。

偏好參數	說明
primary	只能從 Primary 讀取資料。
primaryPreferred	Primary 優先,若複寫集中沒有 Primary 存在,則改由 Secondary 讀取。
secondary	只能從 Secondary 讀取。
secondaryPreferred	Secondary 優先,若複寫集中 Secondary 不存在,則改由 Primary 讀取。
nearest	從評分項目最好的成員中隨機挑選一個作為資料讀取對象,不論該成員是 Primary 還是 Secondary。評分項目包含網路速度、硬碟 I/O 速度、CPU 效能等。

Python 程式可以透過 readPreference 參數設定讀取偏好,參數內容跟上表一樣。

```
# Python 程式
import pymongo
hosts = ['localhost:20000', 'localhost:20001', 'localhost:20002']
client = pymongo.MongoClient(hosts, readPreference='secondary')
```

要特別注意的是,讀取偏好設定的修改並不是改變所有的客戶端的讀取偏好,事實上,改變僅針對單一的客戶端有效,換句話說,只要有權限連進複寫集的客戶端,都可以自行修改本身的讀取偏好。

9-3-4 快速連進 Primary

透過 MongoDB shell 連進複寫集成員時，經常會發現連進去的不是 Primary，這時我們就需要下指令查看目前的 Primary 是誰，然後重新連線。這樣的程序實在很麻煩，我們可以下指令讓連線自動的改連到 Primary，指令如下。

```
# MongoDB shell
rs0 [direct: secondary] test> db=connect(rs.isMaster().primary)
```

這時可以看到 MongoDB shell 的提示符號會由 secondary 轉成 primary，表示已經重先連線到 Primary 了。接下來可以使用 getMongo() 快速地得知現在連線的伺服器為何。

```
# MongoDB shell
rs0 [direct: primary] test> db.getMongo()
# Output
mongodb://localhost:20001/test?directConnection=true&serverSelection
TimeoutMS=2000
```

9-3-5 非 localhost 部署

我們在前面的模擬演練是將複寫集中的所有成員都在同一部電腦主機上進行設定，但實際狀況會是在不同主機上啟動複寫集中的每一個成員，所以這時候就會有一些跟網路有關的參數與問題需要注意了。

首先必須在 mongod 指令後方加上 --bind_ip_all 參數。這個參數會讓 server 監聽目前主機上所有的網路通道，例如 WiFi 連線、有線網路、實體或虛擬網卡...等。如果您只想監聽特定的通道，例如特定的網卡時，改成 --bind_ip，然後後面加上 IP 即可。

另外，mongod 的 --port 參數建議不要省略，即使要監聽的埠號是預設的 27017，都建議加上 --port 27017 這個參數。主要原因是分片的複寫

集若沒加上 --port 參數，即便是預設的埠號，也會導致 mongosh 無法連進該主機進行設定，雖然純粹的複寫集可以省略這個參數，不過建議都加。

假設我們的主機的 IP 是 192.168.1.100，現在我們在這部電腦上準備設定複寫集的第一個成員，mongod 的參數應該類似如下設定。

```
$ mongod --dbpath ./data/db --replSet rs0 --bind_ip_all --port
27017
```

接下來就可以透過 mongosh 連進 server 初始化複寫集了。若初始化之後準備在複寫集中加入其他主機成員時，出現如下面這樣的錯誤訊息，代表複寫集中 Primary 主機的 IP 記錄為 localhost，這是錯誤的紀錄，必須修正。

```
# MongoDB shell
rs0 [direct: primary] test> rs.add('192.168.1.120:27017')
# Output
MongoServerError: Either all host names in a replica set configuration
must be localhost references, or none must be; found 1 out of 2
```

您可以執行 rs.config() 檢查所有的 IP 是否出現 localhost，如果有，請一併修正。例如您可能會看到如下的訊息，其中 _id:0 的 host 為 localhost，這是錯誤的，正確應該是電腦實際的 IP 或者是該部電腦的 hostname 或者 domain name。

```
# MongoDB shell
rs0 [direct: primary] test> rs.config()
# Output
{
  _id: 'rs0',
  version: 1,
  term: 2,
  members: [
    {
```

```
    _id: 0,
    host: 'localhost:27017',
    arbiterOnly: false,
…
```

下指令將 localhost 改為 IP，方式如下：

```
# MongoDB shell
test> cfg = rs.config()
test> cfg.members[0].host = '192.168.1.100:27017'
test> rs.reconfig(cfg)
```

修正完後再執行 rs.add('192.168.1.120:27017') 應該就可以順利加入第二個複寫集成員了。

9-3-6 mongod.conf

若要使用參數檔來啟動複寫集成員，參數檔中的主要設定為 replication.replSetName，在這個項目上給一個複寫集名稱即可，範本如下。

```
processManagement:
   fork: false
net:
   bindIp: all,localhost
   port: 20000
storage:
   dbPath: /data/0
storage:
   journal:
      enabled: true
replication:
   replSetName: "rs0"
```

9-4 管理複寫集

前面我們已經看過新增複寫集成員與查看複寫集狀態等指令，這個單元將說明其他常用的指令。

9-4-1 移除成員

移除成員使用 remove() 函數，這個指令必須在 Primary 中進行操作。例如將埠號 20002 的成員從複寫集中移除。

```
# MongoDB shell
rs0 [direct: primary] test> rs.remove('localhost:20002')
```

移除後可以使用 rs.status() 或 rs.hello() 察看目前複寫集狀態，可以看到複寫集只剩下兩個成員了。

```
# MongoDB shell
rs0 [direct: primary] test> rs.hello()
# Output
{
  ...
  hosts: [ 'localhost:20000', 'localhost:20001' ],
  ...
}
```

9-4-2 指定 Primary

如果目前 Primary 所在的電腦不是我們期望的，可以透過優先權設定的方式讓我們想要的電腦變成 Primary，原本的 Primary 自然就降級為 Secondary 了。方法是將希望成為 Primary 的優先權調高（所有成員的預設值都是 1），優先權最高的電腦就會升級為 Primary，原本的就會降級為 Secondary。

首先用 MongoDB shell 連進 Primary，假設埠號 20001 是我們希望的
Primary，但現在它是 Secondary。先使用 rs.status() 察看目前 20001 在
複寫集中的 _id 編號，例如下面的結果，從結果中可以看到 localhost:
20001 的編號為 1。

```
# MongoDB shell
rs0 [direct: primary] test> rs.status()
# Output
{
  ...
  members: [
    {
      _id: 0,
      name: 'localhost:20000',
      ...
    },
    {
      _id: 1,
      name: 'localhost:20001',
      ...
    },
    {
      _id: 2,
      name: 'localhost:20002',
      ...
    }
  ],
  ...
}
```

接下來透過 members[1] 將 _id 為 1 的優先權變成所有成員中最高的，
以下面範例而言，調為 2 即可，因為其他成員都是 1。

```
# MongoDB shell
rs0 [direct: primary] test> cfg = rs.conf()
rs0 [direct: primary] test> cfg.members[1].priority = 2
rs0 [direct: primary] test> rs.reconfig(cfg)
```

等 10 秒鐘，現在埠號 20001 的成員就會升級為 Primary 了，請自行使用 rs.status() 或 rs.hello() 確認。

9-4-3 降級 Primary

如果要讓目前的 Primary 降級為 Secondary，只要在 Primary 所在的電腦呼叫 stepDown() 就會降級為 Secondary，這時複寫集會重新進行投票選出新的 Primary。

```
# MongoDB shell
rs0 [direct: primary] test> rs.stepDown()
```

9-4-4 取消投票資格

假設我們現在要部署一個具有 9 個成員的複寫集，其中一個成員為 Arbiter。目前複寫集中已經加入了前 7 個成員（不包含 Arbiter），使用 hello() 檢查一下目前的狀態，在 hosts 欄位中可以看到目前複寫集的成員。

```
# MongoDB shell
rs0 [direct: primary] test> rs.hello()
# Output
{
  topologyVersion: {
    processId: ObjectId("61b7f11cde715beedd9b17cd"),
    counter: Long("20")
  },
  hosts: [
    'localhost:20000',
    'localhost:20001',
    'localhost:20002',
    'localhost:20003',
    'localhost:20004',
    'localhost:20005',
    'localhost:20006'
```

```
  ],
  setName: 'rs0',
  setVersion: 15,
  isWritablePrimary: true,
  secondary: false,
  primary: 'localhost:20000',
  me: 'localhost:20000',
  …
```

現在要加入第 8 個成員（非 Arbiter），複寫集會讓我們加入，但因為
複寫集只有 7 個成員有投票資格，透過 hello() 可以查看目前誰有資格
投票。有投票權的會在 hosts 欄位，不具投票權的會在 passives 欄位。

```
# MongoDB shell
rs0 [direct: primary] test> rs.hello()
# Output
{
  topologyVersion: {
    processId: ObjectId("61b7f11cde715beedd9b17cd"),
    counter: Long("21")
  },
  hosts: [
    'localhost:20000',
    'localhost:20001',
    'localhost:20002',
    'localhost:20003',
    'localhost:20004',
    'localhost:20005',
    'localhost:20006'
  ],
  passives: [ 'localhost:20007' ],
  setName: 'rs0',
  …
```

現在我們要加入最後一個成員 Arbiter，這時複寫集不讓我們加了，得
到一個錯誤訊息，意思是有投票權的成員已經到上限 7 個了，如果要
加入 Arbiter，必須取消一個成員的投票權。

```
# MongoDB shell
rs0 [direct: primary] test> rs.addArb('localhost:20008')
# Output
MongoServerError: Replica set configuration contains 8 voting members,
but must be at least 1 and no more than 7
```

假設現在決定取消 localhost:20006 的投票權，先透過 rs.conf() 或 rs.status() 查出 20006 的 _id 值，這個值也是該成員的陣列索引值。注意這裡要先用 hello() 確認 20006 這個成員必須位於 hosts 陣列中才有用，如果 20006 位於 passives 陣列，修改投票權對複寫集加入 Arbiter 一樣沒有用處。

```
# MongoDB shell
rs0 [direct: primary] test> rs.conf()
# Output
{
  _id: 'rs0',
  version: 22,
  term: 6,
  members: [
    …
    {
      _id: 6,
      host: 'localhost:20006',
      arbiterOnly: false,
      buildIndexes: true,
      hidden: false,
      priority: 1,
      tags: {},
      secondaryDelaySecs: Long("0"),
      votes: 1
    }
  ],
  …
```

接下來將 20006 的 priority 與 votes 欄位值改為 0，就取消它的投票資格了，指令如下。

```
# MongoDB shell
rs0 [direct: primary] test> cfg = rs.conf()
rs0 [direct: primary] test> cfg.members[6].votes = 0
rs0 [direct: primary] test> cfg.members[6].priority = 0
rs0 [direct: primary] test> rs.reconfig(cfg)
```

這時再用 hello() 確認一下有投票資格的成員，會發現 20006 移到
passives 中，但是原本在 passives 中的 20007 跑到 hosts 中了。這是因
為 20007 本來就有資格投票，只是被放在候選名單中，如今 20006 被
取消投票資格，20007 自然就從候選名單中取出變成正式投票名單中的
一員了。如果用 rs.conf() 查看每個成員的 votes 欄位，配合 rs.hello()
列出的 hosts 與 passives 欄位，我們可以很清楚的知道哪些成員可以投
票，哪些成員在候選名單中、哪些成員無資格投票。

```
# MongoDB shell
rs0 [direct: primary] test> rs.hello()
# Output
{
  topologyVersion: {
    processId: ObjectId("61b7fe2b20379b0023b7d88f"),
    counter: Long("21")
  },
  hosts: [
    'localhost:20000',
    'localhost:20001',
    'localhost:20002',
    'localhost:20003',
    'localhost:20004',
    'localhost:20005',
    'localhost:20007'
  ],
  passives: [ 'localhost:20006' ],
  setName: 'rs0',
  …
```

現在 hosts 中依然有 7 個投票成員,所以還是無法加入 Arbiter,因此我們還要取消一個成員的投票權,同樣步驟在取消 20007 投票權後,現在可以順利將 Arbiter 加到複寫集了。

```
# MongoDB shell
rs0 [direct: primary] test> rs.addArb('localhost:20008')
# Output
{
  ok: 1,
  …
}
```

最後再用 hello() 看一下複寫集的成員,可以看到目前有 7 個投票權的成員,其中一個是 Arbiter,另外有 2 個成員不具投票權。

```
# MongoDB shell
rs0 [direct: primary] test> rs.hello()
# Output
{
  topologyVersion: {
    processId: ObjectId("61b7fe2b20379b0023b7d88f"),
    counter: Long("23")
  },
  hosts: [
    'localhost:20000',
    'localhost:20001',
    'localhost:20002',
    'localhost:20003',
    'localhost:20004',
    'localhost:20005'
  ],
  passives: [ 'localhost:20006', 'localhost:20007' ],
  arbiters: [ 'localhost:20008' ],
  setName: 'rs0',
  …
```

分片

10-1 何謂分片

分片是當 MongoDB 中的資料量已經大到一部機器無法負荷時,透過分片技術,可以將資料平均分散在多部電腦中,其實就是一種分散式資料庫架構。由於 MongoDB 是文本式資料庫,每一筆資料都是一份完整的文件,因此要做分散式架構容易,我們只要決定哪些文件放在哪部電腦就可以了。

分片的邏輯概念很簡單,假設某個資料表中有一百萬筆資料,現在我們要將這一百萬筆資料放在兩部主機中,於是 MongoDB 就先將這一百萬筆資料排序,然後前五十萬筆移到電腦 A,後五十萬筆移到電腦 B,這樣就將一百萬筆資料平均放到兩部電腦中。之後查詢時,MongoDB 會知道符合查詢條件的資料是在電腦 A 還是電腦 B 中,然後從那部電

腦中取出就完成了這次的查詢。假設每次客戶端要查詢的資料位於電腦 A 與電腦 B 的機率都是 50%，這時兩部電腦主機的系統負荷就比原本只有一部電腦主機時少了一半，若有三部主機，每部主機就只負擔三分之一。當然實際上不會剛好一半一半或剛好三分之一，但概念上這樣說明比較容易理解。

由於分片必須架構在複寫之上，若您對複寫架構還不熟悉的話，請務必先熟悉上一章複寫後再來閱讀本章節。

10-2 分片叢集組成

分片叢集由三個部分組成，Router、Shard 與 Config，如下圖。

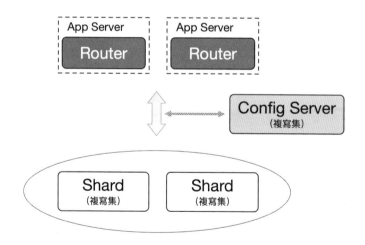

● Router

也稱為 App Server，是為分片叢集的入口，客戶端連線就是與 App Server 連線。分片叢集中可以部署多台 App Server，透過負載平衡來分散客戶端連線，不至於讓所有客戶端全部擠在同一部 App Server 上。

● Shard

稱為分片主機，是實際儲存資料的 server。資料會平均分散在各分片主機上，一開始資料量不大的時候，可能只有一個分片主機，隨著資料成長，分片主機可能會越來越多。每個分片主機必須為複寫集架構。

● Config Server

用來記錄每個分片主機上擁有的資料，所以當 Router 收到資料存取要求時，會先向 Config server 確認要查詢的資料位於哪個分片主機上，以及要寫入的資料應該送到哪個分片主機去。Config server 掌握了資料所在位置，所以必須為複寫集架構，但 Config server 的複寫集不可以加入 Arbiter。

10-3 Chunk 與平衡器

假設分片叢集中有兩個分片主機，而資料只有一筆時，這筆資料只會儲存於其中的一個分片主機。如果這時新增了第二筆資料，就資料要能平均分佈在各個分片主機的觀點來看，這兩筆資料應該要分別儲存於兩個分片主機上，但實際運作並非如此。為了效能考量，數筆資料會先打包至一個想像的貨櫃中，貨櫃容納的資料量可以設定，但設定後全部貨櫃一致，無法每個貨櫃單獨設定。有了貨櫃後，資料分散的實際操作就是以貨櫃為單位，盡量讓每個分片主機上貨櫃數量接近一致。MongoDB 把貨櫃這樣的概念稱為 chunk。

哪些資料放到哪個 chunk 中不是隨機的而是按照特定的分類方式。假設 chunk 上貼著這個 chunk 要放哪些資料的分類標籤，每筆新資料進來時就按照它自己的分類找到對映的 chunk，資料變動後也會依照新的內容將資料移動到正確的 chunk 去。

Chunk 上的分類標籤貼紙決定該 chunk 要放哪些資料，而貼紙的內容來自於片鍵（shard key），片鍵其實就是資料中的欄位。例如衣服的 size 有 S、M、L 與 XL 這四種類型，所以每筆資料在 size 這個欄位只會填入這四種類型中的一種。若我們希望衣服是依據 size 來決定放到哪個 chunk 去，我們就設定 size 為片鍵，這時 chunk 就會貼上 S、M、L 與 XL 這四種貼紙或其組合，例如某 chunk 同時貼著 M 與 L 這兩張貼紙，於是這個 chunk 內的衣服就會有 M 與 L 這兩種 size。依照 chunk 的大小，我們可以將所有的衣服全部放到一個 chunk 中，我們也可以有四個 chunk，讓四種不同 size 的衣服分別放進四個不同的 chunk。

```
[
  {
    "title": "襯衫",
    "size": "M"
  },
```

```
{
    "title": "洋裝",
    "size": "L"
}
]
```

分片叢集會先設定每個 chunk 大小，最小為 1MB，最大 1024MB，預設為 64MB。如果一個 chunk 可以裝滿所有的衣服，當然只需要一個 chunk 即可，如果衣服多到一個 chunk 裝不下，這時就要將一個 chunk 分成兩個，稱為 chunk split。以 size 欄位而言，我們最多可以有四個 chunk，因為我們選擇的片鍵內容只有 S、M、L 與 XL 這四種類型。假設有 10 筆衣服的資料要存進資料庫，每筆資料在欄位 size 內容如下表（已排序），並設定此欄位為片鍵。

這 10 筆資料內容相異數（cardinality）為 4，分別是 L、M、S 與 XL。這意味叢集中最多可以建立 4 個 chunk。有時分片叢集會產生空 chunk，若空 chunk 不計，片鍵中 cardinality 數量就是最大 chunk 數量。

我們無法在兩個不同的 chunk 貼上同樣內容的分類貼紙，例如兩個 chunk 都可以存放 S 大小的衣服。如果可以這樣做，會造成如果有一件 S 的衣服要存進資料庫，分片叢集無法決定這筆資料該進哪一個 chunk。換句話說，當 chunk 上的分類內容已經是片鍵中的單一元素時，這個 chunk 無法再分割。當 chunk 已經無法再分割，但資料量還是持續增加並且超過該 chunk 容量，這時資料還是放的進去，只是 chunk 會越來越巨大。如果分片叢集要開始移動各分片中的 chunk 時，超過容量的 chunk 是無法移動的，並且會在該 chunk 上標記 Jumbo。如果我們發現開始有 chunk 被標上 Jumbo 時，代表片鍵選的不好，讓 chunk 變成巨大 chunk 了。以下表為例，假設每個 chunk 的容量只能放三筆料，放 S 內容的這個 chunk 目前有 4 筆，已經到了需要分割的狀態，但因為無法分割，因此這個 chunk 會被標記為 jumbo chunk。

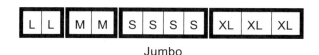

Jumbo

在分散叢集中要避免 jumbo chunk 出現，因為這個 chunk 的容積只會越來越大，而且無法分割也無法移動，最後會造成某一分片負荷過高而影響整體效率，如果發生這種情形時就應該要重設片鍵了。自MongoDB 5.0 開始，我們可以重設片鍵。以前版本片鍵一旦決定，就無法後悔，所以選擇片鍵很重要。雖然現在片鍵沒選好之後可以重設，但當資料量大的時候，重設片鍵會讓資料重新分配，這需要花不少時間，所以在選擇片鍵時還是多思考一下較為適當。

當某個分片主機上的 chunk 數量不平均到某一個程度時，分片叢集中的平衡器就會開始搬移 chunk，直到各主機上的 chunk 數量再度平衡為止。平衡器是否開始作用會依據兩個分片中的 chunk 數量來決定。例如當 chunk 數量小於 20，且兩個分片主機的 chunk 數量差異超過 2 時，就會開始平衡。如下表所示。

Chunk 數量	搬移閾值
< 20	2
20 ~ 79	4
>= 80	8

Chunk 搬移除了要花時間外，還必須確保搬移過程資料不會發生錯誤，所以會先複製要搬移的 chunk，然後等確認搬移完成後才刪除原本的chunk。所以有時查看分片狀態，會發現各分片資料筆數比實際要多的原因就是舊的 chunk 尚未刪除，等平衡器工作完畢再來看資料筆數就正確了。每次搬移 chunk 的數量也有限制，目前是每次搬移分片數量

一半的 chunk，例如叢集中只有兩個分片主機時，平衡器每次都只會搬移一個 chunk。

當進行資料備份時，要先將平衡器關掉，否則當 chunk 移動過程又同時備份資料的話，會造成備份出來的資料與實際不同。備份結束後再重新啟動平衡即可。關掉平衡器指令為 sh.disableBalancing('<database>.<collector>')，開啟平衡器指令為 sh.enableBalancing('<database>.<collector>')。

10-4 選擇片鍵

分片的目的是為了加快資料存取時間，如果一部主機就能良好的負擔所有客戶端存取要求，我們就不需要兩部機器徒增成本。既然用了兩部主機做分散式資料庫，自然也不希望之後的資料存取都集中在某一部而另外一部幾乎沒事做，所以最好的狀況就是一半一半，每部主機負擔的工作量都差不多。

決定哪些資料在哪部分片主機靠的是資料排序。舉個很容易理解的例子，假設資料庫有一百萬筆排序後的資料，如何平均分散在兩部分片主機中呢？很簡單，前五十萬筆放在第一部主機，後五十萬筆放在第二部主機即可。如果有三部分片主機呢？重新將排序後的資料除以 3，前 1/3 在第一部，中間 1/3 在第二部，最後 1/3 在第三部。透過上面這個例子我們應該很容易可以理解，資料排序方式是決定資料如何切開的最重要依據，而資料在資料庫中的排序方式憑藉的是索引，還記得建立索引時必須決定該索引是順向還是逆向嗎（請參考第 8 章）？而一個資料表可以建立很多索引，包含預設的 _id 欄位。但資料切割方式只能有一種，因此我們必須要在眾多排序方式中選擇一種排序來作為資料分割依據,被選上的排序方式就稱為片鍵(Shard Key),之後資料就會依照這個排序方式進行切割,然後分散到不同的分片主機去。

想像在購物網站上的訂單資料,其中含有訂單成立時間,通常我們都會在這個欄位上設定索引,用來支援某個時間範圍內的訂單查詢,例如最近半年內的訂單資料。現在拿這個欄位當作片鍵,所以全部的訂單資料會從最舊到最新進行排序,然後切成一半分別放到兩部分片主機去。由於新的訂單成立時間一定是最新的,所以儲存新訂單時,這筆資料一定百分之百落在放比較新資料的那部分片主機上。除此之外,如果查詢介面在設計上只讓會員查詢最近兩個月或半年內的訂單,這時資料也都是來自於放比較新資料的那部分片主機,換句話說,放舊資料的那部分片主機等於只是拿來備份舊資料用,幾乎沒有負擔任何存取要求。

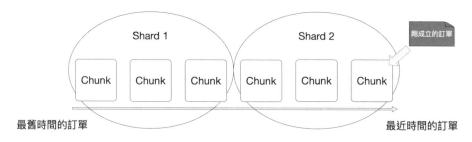

這樣的片鍵選擇就是一個不好的片鍵。如果沒有其他更適合的片鍵,這時可以將時間欄位新增一個 hashed 索引,然後設定這個 hashed 索引為片鍵。現在新舊訂單資料會整個打散,不會再從舊到新進行排序,所以各分片主機上同時包含舊資料與新資料,客戶端的資料存取要求也就不會永遠都只由單一分片主機買單,現在每個主機都發揮分擔客戶端需求的功能。所以一個好的片鍵,會讓每次的資料存取都平均落在不同的分片主機上,而不好的片鍵,會讓資料存取過度集中在某一部分片主機,而失去了分片的意義。

_id 很適合當成片鍵，因為該欄位的內容不會重複，所以 cardinality 非常高。但是若 _id 的內容來自於預設的 ObjectId()函數，這個函數是單調遞增函數，所以排序後的新值一定位於端點，因此使用 _id 當作片鍵時，應該要使用 hashed 片鍵。Hashed 片鍵必須要先建立 hashed 索引，建立方式必須下指令，無法在 Compass 中建立 hashed 索引。索引建立完成後，就可以使用 sh.shardCollection() 選擇 _id 為片鍵了。

```
# MongoDB shell
[direct: mongos] test> db.d.createIndex({ '_id': 'hashed' })
[direct: mongos] test> sh.shardCollection('test.d', { '_id': 'hashed' })
```

分片之後的資料查詢分為兩種操作模式：廣播操作（Broadcast Operations）與目標操作（Targeted Operations）。廣播操作的意思是當 mongos（亦即 App Server / Router）收到客戶端的查詢要求時，發現該查詢條件中沒有包含片鍵，這時候就無法確定符合該查詢條件的資料位於那個分片主機中，於是就使用廣播方式詢問每一部分片主機是否有符合條件的資料。如下圖，若片鍵是商品價格，但查詢條件卻是商品名稱（沒有包含片鍵）。想當然爾，這種查詢模式需要花費的時間自然比較久，Router 必須詢問所有的分片主機是否有符合查詢條件的資料，等全部分片主機都回應後，才能把最終結果傳回給客戶端。如果此時商品名稱又沒有設定索引時，這時各分片主機還要以線性搜尋方式尋找各 chunk 中所有資料，整個查詢就會耗用非常久的時間。

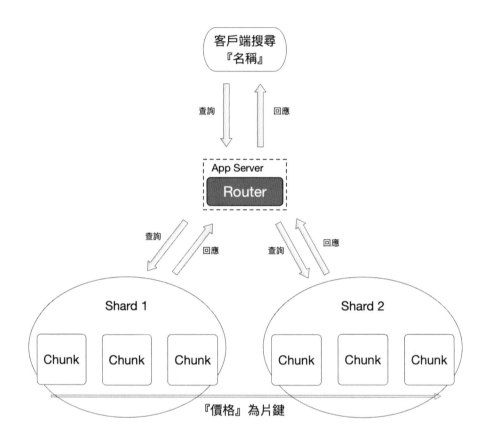

若查詢條件中包含了片鍵，這時 Router 就可以知道符合條件的資料位
於哪一台分片主機上，所以就直接去該主機找資料即可，查詢速度比
廣播操作來得快。如下圖，搜尋條件中包含片鍵，這時 Router 可以知
道符合條件的資料位於哪個分片主機的哪個 chunk，所以直接去要資料
即可，這種就稱為目標操作。

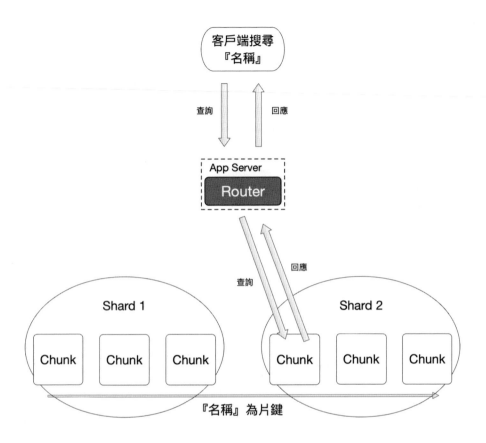

思考一下當 _id 作為片鍵時，我們會頻繁地使用這個欄位作為查詢條件嗎？尤其該欄位內容為 ObjectId 時，答案似乎不會。所以 _id 當成片鍵只是讓資料有效的分散在各分片主機外，對於查詢效率上並沒有什麼優勢。好在 MongoDB 的片鍵支援複合式片鍵（搭配複合欄位索引），所以我們可以讓 _id 搭配其他欄位合在一起成為片鍵，注意 _id 要設定 hashed 索引，並且放在後面。例如建立欄位 name 與 _id 的複合欄位索引與片鍵。此時客戶端的查詢條件中如果透過欄位 name 進行查詢時，Router 會針對特定分片主機使用目標操作進行查詢。

```
# MongoDB shell
[direct: mongos] test> db.d.createIndex({ 'name': 1, '_id': 'hashed' })
[direct: mongos] test> sh.shardCollection(
    'test.d',
    { 'name': 1, '_id': 'hashed' }
)
```

若我們的片鍵為 { a: 1, b: 1, c:1 } 共三個欄位，客戶端查詢條件為下面三種情況時，Router 都會使用目標操作，除此之外，會使用廣播操作。此為索引前綴造成的影響，詳情請參考第 8 章。

1. 查詢條件包含 {a: <value>, b: <value>, c: <value> }

2. 查詢條件包含 { a: <value>, b: <value> }

3. 查詢條件包含 { a: <value> }

10-5 模擬部署演練

這個單元我們將在同一部電腦上實際模擬部署一個分片叢集，包含了兩個分片主機、一個 Config server 與兩個 Router，複寫集採用 PSS 架構。啟動 Router 時使用 mongos 指令，啟動分片主機與 Config server 使用 mongod 指令，加上 mongosh 總共需要開 12 個命令提示字元或終端機。各視窗執行指令時所對映的埠號如下圖。埠號 10000、20000 與 30000 為初始化複寫集的主機，也是一開始的 Primary。

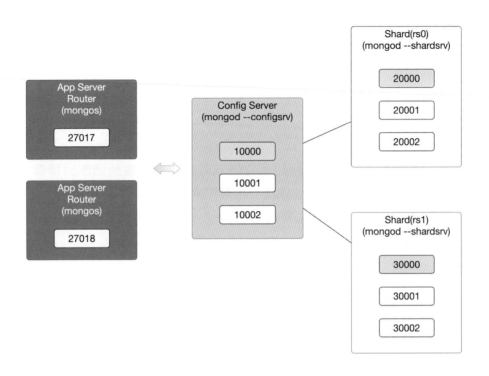

根據上圖規劃，開始下指令啟動各伺服器與 Router。首先啟動第一個
分片主機（rs0）的複寫集。

```
$ mongod --port 20000 --dbpath data/rs0/0 --replSet rs0 --shardsvr

$ mongod --port 20001 --dbpath data/rs0/1 --replSet rs0 --shardsvr

$ mongod --port 20002 --dbpath data/rs0/2 --replSet rs0 --shardsvr
```

啟動第二個分片主機（rs1）的複寫集。

```
$ mongod --port 30000 --dbpath data/rs1/0 --replSet rs1 --shardsvr

$ mongod --port 30001 --dbpath data/rs1/1 --replSet rs1 --shardsvr

$ mongod --port 30002 --dbpath data/rs1/2 --replSet rs1 --shardsvr
```

啟動 Config server 的複寫集。

```
$ mongod --port 10000 --dbpath data/cfg/0 --replSet cfg --configsvr

$ mongod --port 10001 --dbpath data/cfg/1 --replSet cfg --configsvr

$ mongod --port 10002 --dbpath data/cfg/2 --replSet cfg --configsvr
```

以上三個複寫集在第一次啟動後必須先做初始化設定，這部分請參考第 9 章。各複寫集初始化完成後，啟動 Router。--configdb 的參數填入 Config server 的任何一個複寫集成員位址，或是全部填進去都可以，例如下面兩種參數下法結果是一樣的。

```
$ mongos --port 27017 --configdb cfg/localhost:10000

$ mongos --port 27018 --configdb cfg/localhost:10000,localhost:
10001,localhost:10002
```

接下來要將兩個分片主機加到 Config server 中。使用 MongoDB shell 連進任何一個 Router，使用 sh.addShard() 將加入各分片主機，參數可以是複寫集中任何一個成員位址或全部全部成員位址都可以。

```
# MongoDB shell
$ mongosh
[direct: mongos] test> sh.addShard('rs0/localhost:20000')
[direct: mongos] test> sh.addShard('rs1/localhost:30000')
```

到這裡，分片叢集就設定完成了，使用 sh.status() 看看。

```
# MongoDB shell
[direct: mongos] test> sh.status()
# Output
shardingVersion
{
  _id: 1,
  minCompatibleVersion: 5,
  currentVersion: 6,
```

```
  clusterId: ObjectId("61d511d3c792bcff45cd2834")
}
---
shards
[
  {
    _id: 'rs0',
    host: 'rs0/localhost:20000,localhost:20001,localhost:20002',
    state: 1,
    topologyTime: Timestamp({ t: 1641353868, i: 2 })
  },
  {
    _id: 'rs1',
    host: 'rs1/localhost:30000,localhost:30001,localhost:30002',
    state: 1,
    topologyTime: Timestamp({ t: 1641353902, i: 1 })
  }
]
---
active mongoses
[ { '5.0.5': 1 } ]
---
autosplit
{ 'Currently enabled': 'yes' }
---
balancer
{
  'Currently enabled': 'yes',
  'Currently running': 'no',
  'Failed balancer rounds in last 5 attempts': 0,
  'Migration Results for the last 24 hours': 'No recent migrations'
}
---
databases
[
  {
    database: { _id: 'config', primary: 'config', partitioned: true },
```

分
片

```
    collections: {}
  }
]
```

也可以從 Compass 中查看。使用 Compass 連進 Router 後點選 config 資料庫後再點選 shards 可以看到目前分片叢集中的分片主機資訊。

10-5-1 輸入資料

使用下面這段 Python 程式，將陣列 data 中的資料寫入分片叢集。

```python
# Python 程式
import pymongo

client = pymongo.MongoClient(['localhost:27017', 'localhost:27018'])
db = client.test
db.d.drop()

num = 480000
data = [13, 2, 5, 7, 7, 9, 9, 13, 14, 17, 13, 2, 9, 10]
for n in data:
```

```
db.d.insert_one(
    {
        'lv': None,
        'n': n,
        'junk': '_' * num
    }
)
```

這段程式碼會在 test 資料庫的 d 資料表插入 14 筆資料,每筆資料有三個欄位。欄位 lv 儲存 A、B、C、D、E 五個等級;欄位 n 儲存數字;欄位 junk 純粹用來增加每筆資料所佔用的儲存空間,沒有其他用處。

執行這支 Python 程式,讓資料儲存到 MongoDB 中。注意這支程式必須跟 App server(Router)連線,而不是跟 Config server 或是任何一個分片主機連線。程式跑完後這些資料就分別儲存在兩個 shard 中了嗎?當然沒有!因為我們還沒有告訴 MongoDB 要如何分散這些資料,所以目前所有資料都儲存在其中一個分片主機中。執行 sh.status() 後從 partitioned 與 collections 這兩個欄位內容知道 test 資料庫的資料都還沒有開始分片。

```
# MongoDB shell
[direct: mongos] test> sh.status()
# Output
...
databases
[
  ...
  {
    database: {
      _id: 'test',
      primary: 'rs1',
      partitioned: false,
      version: {
        uuid: UUID("21765a7e-d276-4c33-b364-a165ac3e6f80"),
        timestamp: Timestamp({ t: 1641357037, i: 1 }),
```

```
    lastMod: 1
    }
  },
  collections: {}
  }
]
```

10-5-2 開始分片

分片是以 chunk 為單位,讓各分片主機平均所有的 chunk。每一個 chunk 的儲存空間最小為 1MB 最大為 1024MB,預設為 64MB,這裡我們先下指令將儲存空間改小一點,例如 2MB,這樣我們才會看到上一節輸入的資料分散在兩個 shard 中。

```
# MongoDB shell
[direct: mongos] test> use config
[direct: mongos] config> db.settings.insertOne({
    _id: 'chunksize',
    value: 2
})
```

然後設定 test 資料庫需要分片。

```
# MongoDB shell
[direct: mongos] config> sh.enableSharding('test')
```

接下來為資料表 d 的欄位 n 建立索引,別忘了,片鍵必須是索引。可以在 Compass 中建立索引,也可以在 MongoDB shell 中下指令,若是下指令的話,指令如下。

```
# MongoDB shell
[direct: mongos] config> use test
[direct: mongos] test> db.d.createIndex({ n: 1 })
```

索引設定完成後，接下來設定片鍵，這裡選擇欄位 n 為片鍵，設定指令如下。

```
# MongoDB shell
[direct: mongos] test> sh.shardCollection('test.d', { n: 1 })
```

分片叢集中的平衡器現在應該開始搬移資料了，使用 sh.status() 查看分片狀況。

```
# MongoDB shell
[direct: mongos] test> sh.status()
# Output
...
   collections: {
     'test.d': {
       shardKey: { n: 1 },
       unique: false,
       balancing: true,
       chunkMetadata: [ { shard: 'rs0', nChunks: 2 }, { shard: 'rs1',
nChunks: 2 } ],
       chunks: [
         { min: { n: MinKey() }, max: { n: 7 }, 'on shard': 'rs0', … },
         { min: { n: 7 }, max: { n: 9 }, 'on shard': 'rs0', … },
         { min: { n: 9 }, max: { n: 13 }, 'on shard': 'rs1', … },
         { min: { n: 13 }, max: { n: MaxKey() }, 'on shard': 'rs1', … }
       ],
       tags: []
     }
   }
 }
]
```

仔細查看上表內容，在 chunkMetadata 欄位可以看到 rs0 有 2 個 chunk，rs1 也有 2 個 chunk，代表目前的資料量總共用了 4 個 chunk，平均分散在兩個 shard 中。緊接著的 chunks 欄位告訴我們每個 chunk 中乘載的資料內容，例如第一筆資料代表第一個 chunk，裡面的資料由 MinKey

（也就是無限小）到 n 小於 7（不含）的資料都在這個 chunk 並且位於 rs0 中，也就是埠號為 20000 的那組複寫集。再看第三筆，代表 n 值從 9 到小於 13（不含）的資料在同一個 chunk 並且位於 rs1 中，也就是埠號為 30000 的那組複寫集。

從上述的資料可以推斷，目前各分片主機上的 chunk 內容應該如下表。

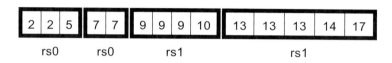

到這裡，資料已經分片完畢，但可能還沒有真正移動到分片主機上，這需要時間。我們可以使用 getShardDistribution() 函數瞭解目前的分片狀況。從傳回資料可以看到，目前資料表中應該只有 14 筆資料，但是 Totals 區段中的 docs 欄位顯示的文件數量卻是 19 筆（rs1 有 14 筆，rs0 有 5 筆），這就代表資料還沒有真正移動完畢，

```
# MongoDB shell
[direct: mongos] test> db.d.getShardDistribution()
# Output
Shard rs1 at rs1/localhost:30000,localhost:30001,localhost:30002
{
  data: '6.4MiB',
  docs: 14,
  chunks: 2,
  'estimated data per chunk': '3.2MiB',
  'estimated docs per chunk': 7
}
---
Shard rs0 at rs0/localhost:20000,localhost:20001,localhost:20002
{
  data: '2.28MiB',
  docs: 5,
  chunks: 2,
  'estimated data per chunk': '1.14MiB',
```

```
    'estimated docs per chunk': 2
}
---
Totals
{
  data: '8.69MiB',
  docs: 19,
  chunks: 4,
  'Shard rs1': [
    '73.68 % data',
    '73.68 % docs in cluster',
    '468KiB avg obj size on shard'
  ],
  'Shard rs0': [
    '26.31 % data',
    '26.31 % docs in cluster',
    '468KiB avg obj size on shard'
  ]
}
```

等一段時間後再來檢查，直到資料為 14 筆時才代表分片程序全部完成。但即使分片還在進行中，客戶端已經可以操作資料，MongoDB 會自動幫我們處理好剩下的事情，不用擔心資料會出錯。下面是最後完成時的狀況，可以看到 Totals 區段中的文件數量已經是正確的 14 筆了。

```
# MongoDB shell
[direct: mongos] test> db.d.getShardDistribution()
# Output
Shard rs0 at rs0/localhost:20000,localhost:20001,localhost:20002
{
  data: '2.28MiB',
  docs: 5,
  chunks: 2,
  'estimated data per chunk': '1.14MiB',
  'estimated docs per chunk': 2
}
---
```

```
Shard rs1 at rs1/localhost:30000,localhost:30001,localhost:30002
{
  data: '4.12MiB',
  docs: 9,
  chunks: 2,
  'estimated data per chunk': '2.05MiB',
  'estimated docs per chunk': 4
}
---
Totals
{
  data: '6.4MiB',
  docs: 14,
  chunks: 4,
  'Shard rs0': [
    '35.71 % data',
    '35.71 % docs in cluster',
    '468KiB avg obj size on shard'
  ],
  'Shard rs1': [
    '64.28 % data',
    '64.28 % docs in cluster',
    '468KiB avg obj size on shard'
  ]
}
```

10-5-3 手動分割 Chunk

若目前在分片中各 chunk 的資料如下：

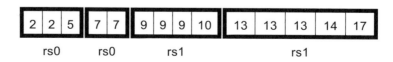

我們希望把 14 與 17 拆到另外一個 chunk，變成如下表，分割之後可
能會觸發分片叢集的平衡器讓某些 chunk 移動到另外一個分片主

機。以目前分割之後 rs1 只比 rs0 多一個 chunk 而已，所以並不會觸發平衡器。

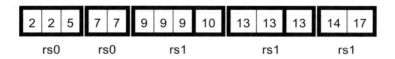

分割函數有兩個，splitFind() 與 splitAt()，兩者語法一樣。前者會在分割之後讓兩個 chunk 大小一樣，後者不一定。以 splitFind() 為範例，分割語法如下：

```
# MongoDB shell
[direct: mongos] test> sh.splitFind('test.d', {'n': 14})
```

然後呼叫 sh.status() 查看目前的 chunk 狀況，可以看到 rs0 有 2 個 chunk，rs1 有 3 個 chunk。

```
# MongoDB shell
[direct: mongos] test> sh.status()
# Output
...
      chunkMetadata: [ { shard: 'rs0', nChunks: 2 }, { shard: 'rs1',
nChunks: 3 } ],
      chunks: [
        { min: { n: MinKey() }, max: { n: 7 }, 'on shard': 'rs0', … },
        { min: { n: 7 }, max: { n: 9 }, 'on shard': 'rs0', … },
        { min: { n: 9 }, max: { n: 13 }, 'on shard': 'rs1', … },
        { min: { n: 13 }, max: { n: 14 }, 'on shard': 'rs1', … },
        { min: { n: 14 }, max: { n: MaxKey() }, 'on shard': 'rs1', … }
      ],
...
```

如果再從 17 切開，這時 rs0 與 rs1 的 chunk 差異數就達到 2，此時就會啟動平衡器來移動 chunk 了。完成後 rs0 與 rs1 的 chunk 各為 3 個。

```
# MongoDB shell
[direct: mongos] test> sh.splitFind('test.d', {'n': 17})
```

```
[direct: mongos] test> sh.status()
# Output
…

     chunkMetadata: [ { shard: 'rs0', nChunks: 3 }, { shard: 'rs1',
nChunks: 3 } ],
     chunks: [
       { min: { n: MinKey() }, max: { n: 7 }, 'on shard': 'rs0', … },
       { min: { n: 7 }, max: { n: 9 }, 'on shard': 'rs0', … },
       { min: { n: 9 }, max: { n: 13 }, 'on shard': 'rs0', … },
       { min: { n: 13 }, max: { n: 14 }, 'on shard': 'rs1', … },
       { min: { n: 14 }, max: { n: 17 }, 'on shard': 'rs1', … },
       { min: { n: 17 }, max: { n: MaxKey() }, 'on shard': 'rs1', … }
     ],
     tags: []
   }
 }
 }
]
```

現在各分片主機與 chunk 的內容如下。

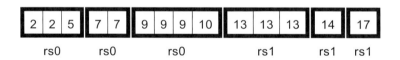

10-5-4 合併 Chunk

我們可以將同一個 shard 上的連續 chunk 合併成一個，例如要將上一節的最後三個 chunk，也就是 n 從 13 一直到無限大的資料合併到同一個 chunk。使用的指令如下。

```
# MongoDB shell
[direct: mongos] test> db.adminCommand({
   mergeChunks: 'test.d',
   bounds: [
     { 'n' : 13 },
```

```
        { 'n' : MaxKey() }
    ]
})
```

使用 rs.status() 檢查的結果。

```
# MongoDB shell
[direct: mongos] test> sh.status()
# Output
...
chunkMetadata: [ { shard: 'rs0', nChunks: 3 }, { shard: 'rs1', nChunks:
1 } ],
    chunks: [
      { min: { n: MinKey() }, max: { n: 7 }, 'on shard': 'rs0', … },
      { min: { n: 7 }, max: { n: 9 }, 'on shard': 'rs0', … },
      { min: { n: 9 }, max: { n: 13 }, 'on shard': 'rs0', … },
      { min: { n: 13 }, max: { n: MaxKey() }, 'on shard': 'rs1', … }
    ],
...
```

這時各分片主機以及 chunk 內容應該如下表。

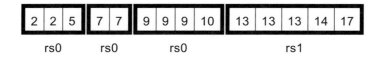

10-5-5 重選片鍵

當片鍵選的不好時,我們可以重新設定片鍵。下面這段 Python 程式在新增資料之前,順便示範如何在 Python 中刪除資料表、建立索引與選擇片鍵(這裡選 lv 為片鍵)的程式碼,然後會新增 100 筆資料。

```
# Python 程式
import pymongo
import random

client = pymongo.MongoClient(['localhost:27017', 'localhost:27018'])
```

```
db = client.test

# 刪除資料表 d
db.d.drop()
# 設定索引與片鍵
db.d.create_index('lv')
db.d.create_index('n')
client.admin.command('shardCollection', 'test.d', key={'lv': 1})

# 插入資料
num = 480000
for i in range(100):
    db.d.insert_one(
        {
            'lv': random.choice('ABCDE'),
            'n': random.randint(1, 50),
            'junk': '_' * num
        }
    )
    print(i)
```

執行完這段 Python 程式後使用 rs.status() 查看分片狀況，會發現兩個分片主機的 chunk 數量差距 4，此時應該要進行 chunk 分割與 chunk 移動，但目前 A 到 E 這五個 chunk 的資料應該早就超量，所以這些 chunk 就被標上 jumbo 記號，表示這些 chunk 已經無法分割也無法移動。

```
# MongoDB shell
[direct: mongos] test> sh.status()
# Output
...

  chunkMetadata: [ { shard: 'rs0', nChunks: 1 }, { shard: 'rs1', nChunks: 5 } ],
  chunks: [
  { min: { lv: MinKey() }, max: { lv: 'A' }, 'on shard': 'rs0', … },
  { min: { lv: 'A' }, max: { lv: 'B' }, 'on shard': 'rs1', …, jumbo: 'yes' },
  { min: { lv: 'B' }, max: { lv: 'C' }, 'on shard': 'rs1', …, jumbo: 'yes' },
  { min: { lv: 'C' }, max: { lv: 'D' }, 'on shard': 'rs1', …, jumbo: 'yes' },
```

```
{ min: { lv: 'D' }, max: { lv: 'E' }, 'on shard': 'rs1', …, jumbo: 'yes' },
{ min: { lv: 'E' }, max: { lv: MaxKey() }, 'on shard': 'rs1', …, jumbo: 'yes' }
],
...
```

現在要重新改選欄位 n 為片鍵（原本 lv 為片鍵），我們在 MongoDB shell 中下指令，指令如下。

```
# MongoDB shell
[direct: mongos] test> db.adminCommand({
  reshardCollection: 'test.d',
  key: { 'n': 1 }
})
```

這個指令並非使用非同步執行，因此必須等待整個重新分片過程結束，控制權才會重新回到我們手上時，需要多少時間要看資料量，目前資料表的資料不多，幾分鐘內應該可以完成。過程中可以開另外一個 MongoDB shell，執行下列指令查看目前進度。

```
# MongoDB shell
[direct: mongos] test> db.getSiblingDB("admin").aggregate([
  { $currentOp: { allUsers: true, localOps: false } },
  {
    $match: {
      type: "op",
      "originatingCommand.reshardCollection": "test.d"
    }
  }
])
```

執行後的訊息中主要留意 remainingOperationTimeEstimatedSecs 欄位資料，這是剩餘時間預估，如果這個時間接近 0，表示重新分片快要結束了。

```
# Output
[
  {
```

```
    ...
    shard: 'rs0',
    ...
    totalOperationTimeElapsedSecs: Long("118"),
    remainingOperationTimeEstimatedSecs: Long("93"),
    ...
  },
  ...
  {
    shard: 'rs1',
    ...
    totalOperationTimeElapsedSecs: Long("118"),
    remainingOperationTimeEstimatedSecs: Long("150"),
    ...
  }
]
```

若要不斷掌握進度，這個指令必須不斷重複執行。只要按鍵盤「上鍵」就可以叫出上一個指令，不需要重新輸入。重新分片完成後，執行 sh.status() 查看目前分片叢集狀態。

```
# MongoDB shell
[direct: mongos] test> sh.status()
# Output
...
    collections: {
      'test.d': {
        shardKey: { n: 1 },
        unique: false,
        balancing: true,
        chunkMetadata: [
          { shard: 'rs0', nChunks: 12 },
          { shard: 'rs1', nChunks: 12 }
        ],
        chunks: [
          'too many chunks to print, use verbose if you want to force print'
        ],
        tags: []
```

```
        }
    }
...
```

從上面的傳回結果可以看到現在的 chunk 數量為 rs0 與 rs1 總共 24 個，
遠大於原本使用 lv 為片鍵的 5 個。由於欄位 n 的 cardinality 可以到 50，
所以最多可以有 50 個 chunk。注意這裡的資料是隨機產生的，所以您
看到的 chunk 數量應該會跟書中列出的不一樣。另外由於 chunk 數量
太多，因此在傳回資料的 chunks 欄位中只會看到一行文字說要使用
verbose 才會印出所有資料。Verbose 的使用方式如下。

```
# MongoDB shell
[direct: mongos] test> sh.status('verbose')
# Output
...
    chunks: [
      { min: { n: MinKey() }, max: { n: 1 }, 'on shard': 'rs1', ... },
      { min: { n: 1 }, max: { n: 2 }, 'on shard': 'rs1', ... },
      { min: { n: 2 }, max: { n: 4 }, 'on shard': 'rs1', ... },
      { min: { n: 4 }, max: { n: 6 }, 'on shard': 'rs1', ... },
      { min: { n: 6 }, max: { n: 7 }, 'on shard': 'rs1', ... },
      { min: { n: 7 }, max: { n: 9 }, 'on shard': 'rs1', ... },
...
```

加上 verbose 參數後可以看到所有 chunk 資料了。除了使用 verbose 參
數外，另外也可以使用 db.printShardingStatus(true) 這個指令，兩種方
式都可以。

10-5-6 mongod.conf

若要使用參數檔來啟動 Router，參數檔中的主要設定為
sharding.configDB，在這個項目上把 Config server 的複寫集成員填進去
就可以了，範本如下。

```
processManagement:
  fork: false
net:
  bindIp: all,localhost
  port: 27017
sharding:
  configDB: cfg/localhost:10000,localhost:10001,localhost:10002
```

10-6 建立區域

在良好的情況下，資料會均勻分布在各分片主機，但有的時候我們卻需要將特定的資料集中放在特定的分片主機上，例如常聽到的數據中心，就有這樣的需求。假設某某公司在台灣成立數據中心後，屬於台灣或是亞洲區的資料就可以集中放在這個數據中心，同時這間公司在歐洲也有數據中心，儲存的會是屬於歐洲區域的資料。在這樣的架構下，亞洲地區的資料存取就不用大老遠跑到歐洲數據中心，就近在台灣數據中心存取即可，對存取效能提升與節省網路頻寬都有相當幫助。

實際來試試看。若我們有兩筆學校的人事資料，欄位 c 表示該成員屬於老師還是學生，因為資料量不大，所以這裡使用 MongoDB shell 輸入資料，如下。

```
# MongoDB shell
[direct: mongos] test> db.school.insertMany([
    {
        c: 'teacher',
    },
    {
        c: 'student'
    }
])
```

若我們有兩個分片主機：rs0 與 rs1。我們希望所有老師的資料都放在 rs0，所有學生的資料都放在 rs1，設定步驟如下。

Step 1 為避免在設定過程中資料頻繁地在各分片主機間搬移影響效能，建議先將該資料表的平衡器關掉，等設定完後再打開。

```
# MongoDB shell
[direct: mongos] test> sh.disableBalancing('test.school')
```

Step 2 建立索引。注意這裡建立的是複合欄位索引，並且將_id 設為雜湊索引。

```
# MongoDB shell
[direct: mongos] test> db.school.createIndex({
    'c': 1,
    '_id': 'hashed'
})
```

Step 3 決定片鍵。

```
# MongoDB shell
[direct: mongos] test> sh.shardCollection(
    'test.school',
    { 'c': 1, '_id': 'hashed' }
)
```

Step 4 使用 sh.addShardToZone() 將分片主機 rs0 加到 TEACHER 區域，rs1 加到 STUDENT 區域。TEACHER 與 STUDENT 名稱自訂，後面步驟會用到。

```
# MongoDB shell
[direct: mongos] test> sh.addShardToZone('rs0', 'TEACHER')
[direct: mongos] test> sh.addShardToZone ('rs1', 'STUDENT')
```

除了 addShardToZone() 外，也可以使用 addShardTag()，這兩個函數用法一樣，名稱不同而已。

Step 5 使用 rs.status() 看一下兩個分片主機狀態，請特別查看 shards 區段中的 tags 欄位，確認內容是否包含 TEACHER 與 STUDENT。

```
# MongoDB shell
[direct: mongos] test> sh.status()
# Output
shards
[
  {
    _id: 'rs0',
    host: 'rs0/localhost:20000',
    state: 1,
    topologyTime: Timestamp({ t: 1639963073, i: 4 }),
    tags: [ 'TEACHER' ]
  },
  {
    _id: 'rs1',
    host: 'rs1/localhost:40000',
    state: 1,
    topologyTime: Timestamp({ t: 1639963078, i: 5 }),
    tags: [ 'STUDENT' ]
  }
]
```

Step 6 使用 sh.updateZoneKeyRange() 設定條件，用來決定哪個範圍的資料要進入哪個分片主機。下面的設定代表不論 _id 的範圍為何，欄位 c 為 teacher 的資料要進入 tags 陣列中有 TEACHER 的主機（也就是 rs0），而欄位 c 為 student 的資料要進入 tags 陣列中有 STUDENT 的主機（也就是 rs1）。

```
# MongoDB shell
[direct: mongos] test> sh.updateZoneKeyRange(
    'test.school',
    { 'c': 'teacher', '_id': MinKey() },
    { 'c': 'teacher', '_id': MaxKey() },
    'TEACHER'
)

[direct: mongos] test> sh.updateZoneKeyRange(
    'test.school',
    { 'c' : 'student', '_id': MinKey() },
    { 'c' : 'student', '_id': MaxKey() },
    'STUDENT'
)
```

除了 updateZoneKeyRange() 外,也可以使用 addTagRange(),
兩者用法完全一樣。

Step 7 把平衡器打開。

```
# MongoDB shell
[direct: mongos] test> sh.enableBalancing('test.school')
```

Step 8 使用 sh.status() 查看叢集狀態。在 databases 區段的 chunks 欄
位可以看到資料分布狀況,在 tags 欄位可以看到資料範圍設
定。請特別檢查所有的 teacher 是否都在 rs0,所有的 student
是否都在 rs1。特別注意,從 chunk 的範圍可以推斷出有些
chunk 內容應該是空的。若不放心,可以使用 mongosh 連進
各分片的 Primary 查看。

```
# MongoDB shell
[direct: mongos] test> sh.status()
# Output
databases
...
```

```
      chunks: [
        { min: { c: MinKey(), _id: MinKey() }, max: { c: 'student',
_id: MinKey() }, 'on shard': 'rs1', ... },
        { min: { c: 'student', _id: MinKey() }, max: { c:
'student', _id: MaxKey() }, 'on shard': 'rs1', ... },
        { min: { c: 'student', _id: MaxKey() }, max: { c:
'teacher', _id: MinKey() }, 'on shard': 'rs1', ... },
        { min: { c: 'teacher', _id: MinKey() }, max: { c:
'teacher', _id: MaxKey() }, 'on shard': 'rs0', ... },
        { min: { c: 'teacher', _id: MaxKey() }, max: { c: MaxKey(),
_id: MaxKey() }, 'on shard': 'rs1', ... }
      ],
      tags: [
        {
          tag: 'STUDENT',
          min: { c: 'student', _id: MinKey() },
          max: { c: 'student', _id: MaxKey() }
        },
        {
          tag: 'TEACHER',
          min: { c: 'teacher', _id: MinKey() },
          max: { c: 'teacher', _id: MaxKey() }
        }
      ]
...
```

若之後再增加資料，只要資料中的欄位 c 內容是 teacher 就會存到 rs0，
如果是 student 就會存到 rs1。如果是其他的內容，例如職員 staff，就
會平均分散在 rs0 與 rs1 中。您可以用下面這段 Python 程式試試 staff
資料。

```
# Python 程式
import pymongo

client = pymongo.MongoClient(['localhost:27017', 'localhost:27018'])
db = client.test
```

```
num = 480000
for i in range(100):
    db.school.insert_one(
        {
            'c': 'staff',
            'junk': '_' * num
        }
    )
    print(i)
```

如果學生人數眾多，導致分片主機 rs1 負荷太重，這時可以再增加一部
分片主機 rs2，並且加入到 STUDENT 區域，現在所有的學生就會平均
分散在 rs1 與 rs2 中了，如下圖。

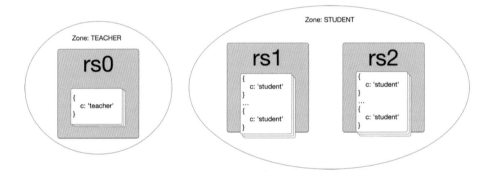

接下來介紹幾個分片中常用的重要函數。

● removeShardFromZone ()、removeShardTag()：移除區域或
標籤

範例：

```
# MongoDB shell
[direct: mongos] test> sh.removeShardFromZone('rs1', 'STUDENT')
```

或

```
# MongoDB shell
[direct: mongos] test> sh.removeShardTag ('rs1', 'STUDENT')
```

● updateZoneKeyRange()、removeTagRange()：移除範圍

範例一：使用 updateZoneKeyRange() 時，參數填入 null。

```
# MongoDB shell
[direct: mongos] test> sh.updateZoneKeyRange(
    'test.school',
    { 'c': 'teacher', '_id': MinKey() },
    { 'c': 'teacher', '_id': MaxKey() },
    null
)
```

範例二：使用 removeTagRange() 時，參數填入 null 或標籤名稱均可。

```
# MongoDB shell
[direct: mongos] test> sh.removeTagRange(
    'test.school',
    { 'c': 'teacher', '_id': MinKey() },
    { 'c': 'teacher', '_id': MaxKey() },
    null
)
```

範例三：也可以使用 addTagRange()，參數填入 null。

```
# MongoDB shell
[direct: mongos] test> sh.addTagRange(
    'test.school',
    { 'c': 'teacher', '_id': MinKey() },
    { 'c': 'teacher', '_id': MaxKey() },
    null
)
```

10-7 關機與開機

分散式系統的關機與開機需要按照順序來，不能想開關哪一台就開關哪一台。依照 MongoDB 的官方文件，關機與開機順序說明如下。

10-7-1 關機順序

Step 1 連進 Router 後停止平衡器。可以使用 sh.getBalancerState() 確認狀態，應該要得到 false。

```
# MongoDB shell
[direct: mongos] test> sh.stopBalancer()
```

Step 2 先將 Router 關機，指令如下。

```
# MongoDB shell
[direct: mongos] test> use admin
[direct: mongos] admin> db.shutdownServer()
```

Step 3 關閉各分片主機。先關複寫集的 Primary 再關 Secondary，指令與 Router 關機同。

Step 4 關機 config 主機。先關複寫集的 Primary 再關 Secondary，指令與 Router 關機同。

10-7-2 開機順序

Step 1 啟動 config 複寫集。

Step 2 啟動各分片複寫集。

Step 3 啟動 Router。

Step 4 連進 Router 後啟動平衡器。可以使用 sh.getBalancerState() 確認狀態，應該要得到 true。

```
# MongoDB shell
[direct: mongos] test> sh.startBalancer()
```

11 Chapter

交易

11-1 何謂交易

交易（transaction）的目的是讓資料庫已經異動的資料可以恢復到異動前的狀態，有點類似小規模的備份還原。使用交易的場合非常多，舉個常見的例子，假設我們去提款機提錢，一切操作程序都正確，但最後因出鈔口故障而無法拿到鈔票，這時相關的資料異動應該要恢復到提款卡插入到提款機的前一刻，尤其存摺裡面的存款數不可減少。像這樣的例子，若資料庫本身支援交易功能，我們就可以很容易的做到讓資料恢復到交易前的狀態，而不需要透過一大堆程式碼來還原已經寫入資料庫的資料。

在沒有啟動交易之前，我們對資料庫的異動指令（新增、修改、刪除）是寫入即確認，代表這筆資料已經沒有復原的機會。若啟動了交易，我們可以在交易結束時選擇這個交易要確認（commit）還是恢復（rollback），如果是 commit，則資料實際寫入資料庫，如果是 rollback，則所有資料恢復到交易開始前狀態。所以交易只對異動資料的指令有效用，對查詢指令沒有用處，因為查詢指令本來就不會修改資料庫的資料。

交易只能在複寫或分片中使用，所以對複寫或分片不熟悉的讀者，請至少先熟悉複寫單元。

11-2 在 Python 中啟動交易

一般來說交易大多透過程式運作，所以我們先來看如何在 Python 中啟動交易模式。首先交易程序必須放在 session 中，由 session 來管理資料異動狀態，最後透過 commit 或 rollback 來確認交易結果。我們來看下面這個簡單的交易程式碼，注意 MongoDB server 必須啟動複寫集。

```python
# Python 程式
import pymongo
client = pymongo.MongoClient()
db = client.test

# 建立交易需要的 session
session = client.start_session()
# 交易開始
session.start_transaction()
db.test.insert_one({ 'name': 'David' }, session=session);

ret = input("enter '1' to commit, others rollback: ")
if ret == "1":
    session.commit_transaction()
else:
    session.abort_transaction()
```

這段程式碼很容易理解，交易開始之前必須先建立 session，然後在適當的位置啟動交易。交易開始之後，我們在 test 資料庫的 test 資料表插入一筆資料，最後詢問使用者要以 commit 還是 rollback 的方式結束這筆交易。現在執行這段程式碼，並且不要輸入 1 或是其他字元，暫時讓程式停在等待使用者輸入資料的 input 這一行。使用 mongosh 連進資料庫，在使用者沒有按下 1 之前，我們一定查不到{'name': 'David'}這筆資料，若使用者按下的是非 1 字元，交易會結束，{'name': 'David'}這筆資料也不會寫進資料庫。

這段程式刻意在交易結束之前進入一個長時間的等待狀態，在實際上線的系統中通常不會這樣做。因為在交易開始後，資料庫有時為了維持資料最後的正確性，會適當的鎖住某些資料，交易未結束之前不會解鎖，所以如果交易的時間越久，資料鎖住的時間越長，可能會導致某些資料在鎖住期間無法讓其他使用者存取，這就嚴重影響資料庫效能了。

再舉另外一個例子。我們先用 mongosh 在資料庫中插入下方這兩筆資料，第一筆代表 ATM 有多少錢在裡面，第二筆代表使用者的皮夾裡面有多少錢。

```
# MongoDB shell
rs0 [direct: primary] test> db.bank.insertMany([
    { '_id': 'atm001', 'total': 1000 },
    { '_id': 'user001', 'wallet': 0 }
])
```

造成交易失敗的原因為提款後導致 ATM 剩餘金額為負，此時要將資料庫資料恢復到提款前的資料，也就是 rollback。程式碼如下，也改寫了一下 session 與 transaction 啟動程式，使用 with 語句來界定 session 與 transaction 有效範圍。

```python
# Python 程式
import pymongo
client = pymongo.MongoClient()
db = client.test

def checkATM():
    doc = db.bank.find_one({'_id': 'atm001'}, session=session)
    if doc['total'] < 0:
        raise ValueError

try:
    # 若輸入的不是數字轉成 int 時會產生 exception
    value = int(input("withdraw: "))
    with client.start_session() as session:
        with session.start_transaction():
            db.bank.update_one(
                { '_id': 'atm001' },
                { '$inc': { 'total': -value }},
                session=session
            )

            db.bank.update_one(
                { '_id': 'user001' },
                { '$inc': { 'wallet': value }},
                session=session
            )
            # 檢查 ATM 剩餘金額是否小於零
            checkATM()
        print('success')
except Exception as error:
    print('FAIL: {}'.format(error))
```

上述程式碼在第二個 with 宣告交易開始，若程式正常離開第二個 with 區段，會自動呼叫 commit_transaction()，若是因為程式錯誤產生 exception 離開 with 區段，則自動呼叫 abort_transaction()，所以我們不需要在交易結束時再手動呼叫這兩個函數。在 checkATM() 函數中檢查

ATM 在提款後的金額是否為負,注意這裡要加上 session 參數,如果
為負就要丟出 exception,好讓資料庫可以 rollback。

11-3 在 MongoDB Shell 中啟動交易

我們也可以在 MongoDB shell 中啟動交易,但這已經不是 MongoDB
shell 指令,而是在 mongosh 中使用了 JavaScript 程式碼。首先連進複
寫集的 Primary 或是分片叢集後啟動 session。

```
# MongoDB shell
rs0 [direct: primary] test> session = db.getMongo().startSession()
# Output
{ id: UUID("8526e526-5e5b-49b0-a3d8-c0e112bcc817") }
```

然後透過 session 取得要進行交易的資料表。若要進行交易的資料表是
test 資料庫中的 data 資料表,並將此資料表放入變數 coll 中,指令如
下。

```
# MongoDB shell
rs0 [direct: primary] test> coll = session.getDatabase('test').data
```

然後啟動交易,這個函數呼叫後不會傳回任何訊息。

```
# MongoDB shell
rs0 [direct: primary] test> session.startTransaction()
```

開始異動資料。

```
# MongoDB shell
rs0 [direct: primary] test> coll.insertOne({name: 'David'})
```

在 session 中的資料表可以看到剛剛異動的資料,但在 session 外就看
不到了。意思是,如果使用 db.data.find() 或是在另外一個 session 中去
查 data 中的資料,會查不到{name: 'David'}這一筆。

```
# MongoDB shell
rs0 [direct: primary] test> coll.find()
# Output
[ { _id: ObjectId("61ca72a97ea5ce0249fe9e0d"), name: 'David' } ]
```

最後結束交易，如果確認交易中的資料異動，也就是 commit 時，執行下列指令。

```
# MongoDB shell
rs0 [direct: primary] test> session.commitTransaction()
```

如果交易失敗，也就是要 rollback，執行下列指令。

```
# MongoDB shell
rs0 [direct: primary] test> session.abortTransaction()
```

若交易開始後 60 秒內沒有結束交易，異動的資料會從緩衝區中移除，相當於交易失敗。預設時間可以修改，修改指令如下，例如改為 30 秒，最少為 1 秒。

```
# MongoDB shell
rs0 [direct: primary] test> db.adminCommand({
    setParameter: 1,
    transactionLifetimeLimitSeconds: 30
})
```

或者在 mongod 後方加上參數。

```
$ mongod --setParameter "transactionLifetimeLimitSeconds=30"
```

11-4 寫入衝突

寫入衝突會出現在兩筆交易要同時異動同一份資料，或者有交易尚未結束且有非交易指令要同時異動相同資料時。當寫入衝突發生時，原則上先搶先輸，因為後面的異動資料一定會蓋掉前面的，但也並非全然如此。當寫入衝突發生時，MongoDB 會依據不同的衝突狀況有不一樣的反應機制。若是兩筆交易要同時異動同一份資料，這時只有第一個交易會正常執行，後異動資料的交易會發出寫入衝突的錯誤訊息，並結束交易，如下圖。

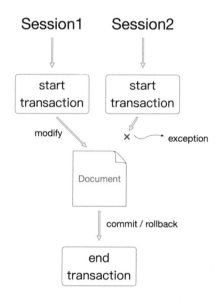

若是交易與非交易同時存在並且發生寫入衝突時，非交易的異動指令會進入等待，直到交易完成後，非交易的異動指令才會開始執行，這時資料就會以最後異動指令為準。

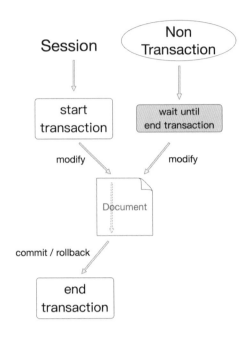

11-5 鎖

資料庫是一個多工環境，可以允許多個客戶端在同時間發出的存取要求，但這時資料庫就必須確保客戶端最後取到的資料不會有不一致的情況。例如兩次讀取資料應該要讀到同樣的資料，但是在第二次讀取前被別人修改了，導致第二次讀到的資料跟第一次不一樣；或者讀到的資料卻因為資料還沒確認，有可能因為 rollback 而讓目前讀到的資料是錯誤的；又例如我們要修改的資料卻剛好有人正在刪除它。如果沒有一個機制，就會讓資料存取出現太多問題，我們也就無法信賴資料庫的資料正確性。

資料庫為了確保資料正確性，用的機制就是鎖。最基本的鎖有兩種：讀取鎖，又稱共享鎖，以 S 表示；寫入鎖，又稱排他鎖，也稱為獨佔鎖，以 X 表示。當資料庫收到某個查詢請求時，會先對該資料加上 S

鎖，代表這份資料雖然我正在讀，但我不會修改這份資料，所以其他人要讀也可以。如果資料庫收到修改資料的請求時，就會對該資料加上 X 鎖，這時如果有別人要來讀取這份資料或是修改這份資料，就會被拒絕於門外，這就是排他的意思，也就是目前除了我能動這筆資料外，其他人都別想動它。S 鎖與 X 鎖並不相容，意思是當資料已經上了 S 鎖，就必須等解鎖後 X 鎖才能加上去，反之亦然。

不同資料庫擁有鎖的種類也不盡相同，MongoDB 有四種鎖，除了 S 與 X 外，還有 IS 與 IX，如下表。

種類	說明
S	共享鎖。針對讀取資料的指令，例如執行 find() 或 aggregate() 時，會對資料加上 S 鎖。
X	獨佔鎖（也稱排他鎖）。針對異動資料指令，例如修改資料時，會對該資料加上 X 鎖，此時這筆資料不可被其他人讀寫。
IS	意圖共享鎖，作用在 Global、Database 與 Collection 上，表示所屬的資料表中已有文件設定了 S 鎖。
IX	意圖獨佔鎖，作用在 Global、Database 與 Collection 上，表示所屬的資料表中已有文件設定了 X 鎖。

IS 與 IX 的概念很容易懂，就是在上鎖資料的上層結構中加上上鎖狀態記錄，例如文件的上層就是資料表（collection），資料表的上層就是資料庫（database）。假設我們要讀取某份文件時，資料庫會對該文件設定 S 鎖，並且同時在這筆資料的上層 collection、database 與 global 都加上 IS 鎖的紀錄。如果要對文件加上 X 鎖，就會順便對上層加上 IX 鎖的紀錄。我們想像一個沒有 IS 或 IX 鎖的資料庫，此時如果有一個要修改資料的請求進來，就必須實際將該資料上鎖狀況調出才能決定此次的修改請求是否能執行，如果修改的範圍很大，調取資料的過程就變的沒有效率。此時如果有 IS 或 IX 鎖，只要在上層就可以知道下層中有哪些資料目前有上鎖，這樣根本不用實際去下層調資料就能決

定此次的讀取或寫入請求是否能夠執行，對資料庫存取效能有很大幫助。所以 IS 與 IX 其實就是在上層記錄了目前下層中的資料上鎖狀況。

從 MongoDB 5.0 開始，當資料還具有 X 鎖狀態時，以下幾種指令會在讀取資料時不上鎖，也就是不需要設定 S 鎖就可以讀取資料。我們知道 X 與 S 鎖是互斥的，因此，一般來說資料庫會需要在無 X 鎖的情況下才能設定 S 鎖來讀取資料。但 MongoDB 為了效率考量，讓讀取資料的指令即使在 X 鎖尚未解除時就可以讀取資料了，這幾個指令為：find、count、distinct 與 aggregate。

想要知道目前鎖的狀態，可以使用下面這個指令。

```
# MongoDB shell
rs0 [direct: primary] test> db.adminCommand( { lockInfo: 1 } )
```

若傳回的資料中，lockInfo 欄位為空陣列，代表目前整個 MongoDB 都沒有資料被鎖住，如下。

```
# Output
{
  lockInfo: [],
  ok: 1,
  '$clusterTime': {
    clusterTime: Timestamp({ t: 1640704272, i: 1 }),
    signature: {
      hash: Binary(Buffer.from("0000000000000000000000000000000000000000",
"hex"), 0),
      keyId: Long("0")
    }
  },
  operationTime: Timestamp({ t: 1640704272, i: 1 })
}
```

建議讀者可以執行本章第一節的 Python 程式，然後讓交易處於未完成
狀態，這時來觀察資料庫上鎖狀態。因為在該 Python 中的交易內容為
插入一筆資料，因此可以看到 Collection 有一筆 IX 記錄，上層的
Database 也有一筆 IX 紀錄，再上層的複寫集有一筆 IX 紀錄，以及最
上層的 Global 也有一筆 IX 紀錄。

```
# Output
{
  lockInfo: [
    {
      resourceId: '{6917529027641081857: Global, 1}',
      granted: [
        {
          mode: 'IX',
          ...
        }
      ],
      pending: []
    },
    {
      resourceId: '{4611686018427387905: ReplicationStateTransition, 1}',
      granted: [
        {
          mode: 'IX',
          ...
        }
      ],
      pending: []
    },
    {
      resourceId: '{10123292395995783581: Database, 899920359141007773,
test}',
      granted: [
        {
          mode: 'IX',
          ...
```

```
      }
    ],
    pending: []
  },
  {
    resourceId: '{12221562876410324033: Collection, 692347830341854273}',
    granted: [
      {
        mode: 'IX',
        ...
      }
    ],
    pending: []
  }
],
...
```

11-6 超賣問題

超賣問題是資料庫中的一個典型問題，來自於商品已經設定了數量，
也做了賣完就無法再賣的程式控制，但最後卻發現超賣了。來看下面
這段程式碼。

```python
# Python 程式
import pymongo

client = pymongo.MongoClient()
db = client.test

def init():
    db.product.drop()
    db.product.insert_one({'_id': 1, 'value': 10})

def buy():
    ## 讀取
```

```python
    doc = db.product.find_one({'_id': 1})
    ## 判斷
    if doc['value'] > 0:
        ## 寫入
        db.product.update_one(
            { '_id': 1 },
            { '$inc': { 'value': -1 }}
        )

def report():
    doc = db.product.find_one({'_id': 1})
    print('剩餘商品數量: {value}'.format(**doc))

def main():
    ret = input('重設商品數量？(y/n)')
    if ret.lower() == 'y':
        init()
    but()
    report()

main()
```

函數 init() 會將商品數量重新設定為 10 個；函數 buy() 呼叫後會賣出一個商品，但賣之前有檢查剩餘數量是否超過 0，有貨才能賣；函數 report() 查詢目前商品的剩餘數量。最後主程式依序呼叫上述三個函數，完成一次購買交易行為。這段程式通常在內部測試時都很正常，商品數量為 0 的時候就無法再賣，但是實際上線後卻發現有時商品會超賣，但有時又不會，超賣時，超賣的數量也不固定，看起來是隨機的。這樣的問題就是超賣問題。

超賣問題必定發生在多工環境中，我們來看產生這個問題的背後主因。函數 buy() 的內容可以細分為三個動作：讀取、判斷、寫入。在單工環境中，這三個動作是依序執行的，所以判斷必定在讀取之後，寫入必定在判斷之後。但多工環境就不是如此了，這三個動作是同時發生的。這是什麼意思？我們加上鎖的機制就很清楚運作原理。假設有兩個人同時買這個商品，雖然是同時，但對資料而言一定有先來後到的順序。若使用者 A 先開始進入讀取動作，這時商品資料就會被加上 S 鎖，使用者 B 現在要讀取資料，因為是 S 鎖，所以 B 也可以讀，若商品目前剩下一個，所以 A、B 兩個使用者都讀到了 1 這個數字。至此，應該感覺到問題要發生了。現在 A、B 同時進入判斷程序，兩人此時都會通過大於 0 才能買的判斷式檢查，因為他們拿到的數字都是 1。接著 A、B 同時進入寫入程序，準備開始異動資料，對資料而言一定有先來後到順序，假設還是 A 先進入寫入動作，這時該筆資料會被設定 X 鎖，所以 B 只能開始等待，等 A 寫完資料解鎖後，輪到 B 進行寫入，但這時商品數量已經是 0，等 B 寫完後，商品數量就變成 -1，發生超賣現象。所以同時間買的人越多，超賣問題就越嚴重，我們自己一個人測試這段程式碼，超賣永遠不會發生。

我們修改一下 main() 函數，模擬多人同時購買。在 main() 函數中建立多執行緒，模擬 300 個使用者同時購買商品，執行結果顯示，幾乎每次都超賣。

```python
# Python 程式
import threading
import time

def main():
    init()
    n = threading.active_count()
    for _ in range(300):
        threading.Thread(target=buy).start()

    while threading.active_count() != n:
        time.sleep(0.01)
    report()
```

解決超賣問題的方法就是讓讀取、判斷、寫入這三個程序在邏輯上合為一個，然後在這合而為一的程序上設定 X 鎖，這樣只要有使用者一進入這個程序，其他使用者只能等待 X 解鎖，所以下一個使用者讀取的資料一定是上一個使用者寫入完成的資料，這樣就不會超賣了。我們可以透過交易解決這個問題，因為交易中會寫入資料，所以整個交易會上 X 鎖。

現在我們修改一下函數 buy() 與函數 report() 內容，我們讓查詢、判斷、寫入這三個程序放入交易中，並且讓順序變成寫入、查詢、判斷，這樣才能在交易一開始就讓資料具備 X 鎖。程式碼如下。

```python
# Python 程式
import time
import random

try_to_buy = 0
write_conflict = 0
def buy():
    global write_conflict, try_to_buy

    try:
        with client.start_session() as session:
            with session.start_transaction():
                ## 寫入
                db.product.update_one(
                    { '_id': 1 },
                    { '$inc': { 'value': -1 }},
                    session=session
                )
                ## 讀取
                doc = db.product.find_one({'_id': 1}, session=session)
                ## 判斷
                if doc['value'] >= 0:
                    try_to_buy += 1
                else:
```

```
            raise ValueError

    except ValueError:
        pass

    except pymongo.errors.OperationFailure:
        time.sleep(random.random())
        write_conflict += 1
        doc = db.product.find_one({'_id': 1})
        if doc['value'] > 0:
            buy()
```

全域變數 try_to_buy 用來記錄有多少人要買，我們希望程式跑完後這個數字的上限就是商品數量。全域變數 write_conflict 用來記錄發生了多少次寫入衝突，當此狀況發生時，讓執行緒睡一小段時間後再重新嘗試購買。稍微睡一下可以提高系統執行效率，因為整個交易需要時間完成，高頻率的重新嘗試只會加重系統負荷並不會提高交易成功機率。此外，當 ValueError 的錯誤發生時，代表商品已經賣完，所以在交易中故意產生這個錯誤讓交易失敗，使得寫入的資料會 rollback 到交易開始前。執行看看這段程式，現在不論有多少使用者同時購買都不會超賣了。唯獨要注意 Python 能夠建立的執行緒數量並非無限制（目前設定 300 個）。執行結果如下。

```
$ python3 oversold.py
剩餘商品數量: 0
嘗試購買數量: 10
寫入衝突: 364
```

11-7 讀寫關注與一致性要求

在複寫章節我們知道，寫入資料時一定要從 Primary，但是讀取資料時可以從 Secondary，這時產生了讀寫來自於不同資料庫的情況，衍生出讀到的資料可能是錯的或是舊的問題。從下圖來看，若客戶端寫了一筆資料到 Primary，然後立刻從 Secondary 讀資料，理論上應該讀不到剛剛寫入的那筆資料，因為 Secondary 的資料還沒有更新到最新的。

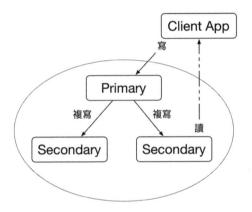

所以只要能確保寫入的資料已經在 Secondary 出現，並且該資料已經確認 commit 永久寫入，不會發生 rollback 狀況，這時客戶端讀取的資料就會跟寫入的資料一致且正確了。

11-7-1 寫入關注

當客戶端對資料庫寫入資料後（不論是新增、修改還是刪除），都會收到寫入確認的回覆訊息，Write concern 是用來決定 Primary 何時要回覆這個確認訊息。Write concern 有三個參數，分別是 w、j 與 wtimeout，列表說明如下。

寫入關注參數	說明
{ w: 0 }	不需要 server 回應，此時的寫入效能最高，但如果此時網路突然斷線，或是 Primary 突然降級，資料可能消失不見或是 rollback。
{ w: n }	指定 n 個成員（包含 Primary）收到資料後回應，若 n 等於 1 時，只要 Primary 收到資料後就可回應，但是這筆資料可能會 rollback。以 PSS 複寫集為例，若 n 等於 2 時，代表 Primary 與任何一個 Secondary 收到資料就可回應；若 n 等於 3 時，代表複寫集所有成員都要收到資料才會回應。
{ w: "majority" }	複寫集大部分成員（包含 Primary）收到資料後回應，此時配合 { j: true }，額外要求收到資料的成員必須將資料寫入日誌後才回應。若客戶端收到回應訊息時，代表寫入的資料已具永久性，不會再 rollback。此為預設值。
{ j: <true | false> }	true：資料需寫入實體儲存裝置中的日誌檔，此為預設值。 false：資料只寫入記憶體中的日誌檔。
{ wtimout: ms }	設定一個逾時時間，單位為毫秒。避免節點故障導致客戶端永遠收不到回應訊息，造成寫入程序永遠卡住。此外，逾時不代表資料寫入失敗，資料可能還需要更長時間寫入，只時回覆訊息先發出而已。

現在參考複寫章節，建置一個 PSS 架構的複寫集，如下。

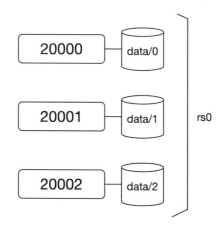

下面這段程式碼加上了 readPreference 參數（詳情請見第 9 章），因此會從 Primary 新增一筆資料，然後從 Secondary 讀出剛新增的資料。新增資料的程式碼加上了 write concern 為 { w: 1, j=True }，代表只要 Primary 寫入成功就回應，然後從 Secondary 讀資料。

```python
# Python 程式
import pymongo
from pymongo.write_concern import WriteConcern

hosts = ['localhost:20000', 'localhost:20001', 'localhost:20002']
client = pymongo.MongoClient(hosts, readPreference='secondary')
db = client.test

# Primary 寫資料
db.test.drop()
db.test.with_options(
    write_concern=WriteConcern(w=1, j=True)
).insert_one({'name': 'aaa'})

# Secondary 讀資料
doc = db.test.find_one()
print(doc)
```

我們必須理解 Secondary 得到最新資料的方式是每隔一個心跳時間（預設 2 秒）檢查 Primary 的 oplog 資料表中是否有新資料，如果有，把新資料拉回到自己的 oplog 中，如果沒有，等 2 秒看看會不會有新資料。換句話說，寫入的資料從 Primary 複寫到 Secondary 的過程絕對不是即時的。我們多執行幾次這段程式碼，應該在大部分情況下會看到 None，代表從 Primary 中新增的資料還沒有跑到 Secondary。

現在將 write concern 改為 { w='majority' }，再執行看看這段程式碼，現在大部分的時候都可以從 Secondary 讀到新寫入的資料了。偶爾沒讀到的原因是複寫集中有兩個 Secondary，所以這次運氣不好，連線到還沒取得最新資料的那一個。

11-19

```
# Python 程式
db.test.with_options(
    write_concern=WriteConcern(w='majority', j=True)
).insert_one({'name': 'aaa'})
```

11-7-2 讀取關注

讀取關注用來在資料一致性與可用性之間選擇一個適當的資料讀取方式，預設值為 local，代表讀取本地端可用的資料，很明顯這是犧牲了一致性但增加了可用性的考量。當寫入關注設定為 { w: 1 }，代表只要 Primary 寫入就回覆，接著讀這筆資料，假設也從 Primary 讀取，但有可能這筆資料還沒複寫到多數節點時 Primary 突然斷線，導致這筆資料有可能會被 rollback，所以剛剛讀到的資料最後不存在。但如果 Primary 都正常運作，此時讀到的最新資料就是剛剛寫入的那筆資料。

如果我們希望讀到的資料是大多數節點都已經確認寫入的資料，可以設定讀取關注為 {level: "majority"}，這時讀到的資料已經被複寫到多數節點，因此不會 rollback。但即便設定了 majority，從 Secondary 讀取時還是有可能讀到不是最新的資料，majority 只能確保讀到的資料不會 rollback 而已。

設定讀取關注的程式碼如下。

```
# Python 程式
import pymongo
from pymongo.read_concern import ReadConcern

hosts = ['localhost:20000', 'localhost:20001', 'localhost:20002']
client = pymongo.MongoClient(hosts, readPreference='secondary')
db = client.test

doc = db.test.with_options(
    read_concern=ReadConcern(level='majority')
```

```
).find_one()
print(doc)
```

讀取關注的參數設定與說明如下表。

讀取關注參數	說明
{ level: "local" }	讀取時僅確認本地端有資料即回覆，不確認該資料是否已經同步到大多數節點，因此讀到的資料可能會被 rollback。此為預設值。
{ level: "available" }	大致上與 local 相同，也是讀取本地端資料，差異在分片叢集中可能讀到尚未被清除掉的錯誤文件。
{ level: "majority" }	讀到的文件已經寫入多數節點（包含 Primary），此份文件已經確認 commit，不會被 rollback。
{ level: "linearizable" }	線性一致性，為了保證讀到的資料一定是最新且不會 rollback，因此限制只能從 Primary 上讀取資料，雖然保證資料一致性，但增加了 Primary 的系統負荷。
{ level: "snapshot" }	確保交易中的資料讀取時不會受到另一交易中修改該筆資料造成影響。

11-7-3 因果一致性

當資料的讀取與寫入具有因果關係時，也就是針對同一筆資料進行讀寫時，先讀再寫或先寫再讀就產生了一個因果順序，不能亂掉。例如前面提過的超賣問題就具有因果順序，後一個人總要等到前一個人買完，確認還有沒有剩餘商品後才能購買。

MongoDB 的因果一致性保證幾件事情，如下。

1. 客戶端一定要能讀到自己寫入的資料（read own writes）。

2. 單調讀（monotonic reads）。在現在時間點之後讀到的資料絕對不會讀到比現在舊的。

3. 單調寫（monotonic writes）。若兩個寫入有先後順序，結果一定
   會保證這個順序，雖然有可能中間會插入別的寫入資料，但該有
   的順序不會亂掉。

4. 寫跟隨讀（writes follow reads）。若客戶端寫入必定要在讀取之後，
   就一定會按照這個順序。

要做到這四點，當然可以將所有的讀寫全部放到 Primary 上進行，但這
會造成 Primary 的負荷過大，所以 MongoDB 讓因果一致性的保證挪到
客戶端上進行，並且支援讀寫分離。只要在客戶端啟動 session 即可獲
得因果一致性保證，但絕對不要在 session 中再啟動多執行緒。請看下
面這段程式碼。

```python
# Python 程式
import pymongo
from pymongo.write_concern import WriteConcern
from pymongo.read_concern import ReadConcern

hosts = ['localhost:20000', 'localhost:20001', 'localhost:20002']
client = pymongo.MongoClient(hosts, readPreference='secondary')
db = client.test
db.test.drop()

with client.start_session(causal_consistency=True) as session:
    # Primary 寫資料
    db.test.with_options(
        write_concern=WriteConcern(w='majority', j=True)
    ).insert_one({'name': 'aaa'}, session=session)

    # Secondary 讀資料
    doc = db.test.with_options(
        read_concern=ReadConcern(level='majority'),
    ).find_one({}, session=session)
    print(doc)
```

start_session()預設會啟動因果一致性，所以 causal_consistency=True 可以省略，寫入關注 { w='majority', j=True }也是預設值，唯一真正改變的是讀取關注為{ level='majority' }。這幾個參數設定可以讓 session 中的讀取與寫入具有完整的因果一致性保證。其他的組合在因果一致性上的保證狀況，請見下表。

讀取關住	寫入關注	讀到自己寫的資料	單調讀	單調寫	寫跟隨讀
"majority"	"majority"	✓	✓	✓	✓
"majority"	{ w: 1 }		✓		✓
"local"	{ w: 1 }				
"local"	"majority"			✓	

11-7-4 快照讀取

讀取關注中的參數{ level: "snapshot" }確保讀取到同一個時間點的資料。若資料庫中有以下這筆資料。

```
{ _id: 0, value: 10 },
```

當客戶端 A 讀取資料後，另一客戶端 B 修改了資料，例如將 value 改成 20 並且 commit，這時客戶端 A 再一次讀取資料時如果讀到原本的 10，就是使用 snapshot，如果讀到的是 20，就不是使用 snapshot。所以 snapshot 代表讀取某個時間點的資料，而且必須跟著 session 一起使用，這樣才能透過 session 來控制資料讀取都在同一個時間點上。

請看下面這段程式碼，在啟動 session 前讀取了資料，啟動 session 後再分別讀取兩次，這兩次中間使用 input()來暫停程式，目的是在暫停期間讓另一個客戶端有機會修改{ '_id': 0 }這筆資料內容。當參數 snapshot=True 時，三次讀取的資料內容都是一樣的，若改為 False（預設值），第三次讀取的結果會是另一客戶端修改後的結果。這裡要注意的是，snapshot 的時間點並不是 session 啟動時，而是在 session 啟動後第一次讀取資料的時間點才是 snapshot 時間點。另外，snapshot 讀到的資料是已經是大部分節點（majority）都 commit 的資料，因此讀到後不會被 rollback。

```python
# Python 程式
import pymongo
from pymongo.read_concern import ReadConcern

client = pymongo.MongoClient()
db = client.test
doc = db.data.find_one({ '_id': 0 })
print(doc)

with client.start_session(snapshot=True) as session:
    doc = db.data.find_one({ '_id': 0 }, session=session)
    print(doc)
    input('pause')
    doc = db.data.find_one({ '_id': 0 }, session=session)
    print(doc)
```

最後來看快照與交易的關係，其實官方文件在這個部分並沒有解釋的非常清楚，範例給的也不多，但透過實驗可以瞭解一點大概。目前經過實驗，開啟交易後，寫入關注都會自動升級成 snapshot，即便手動改為 local 或是 majority 都一樣。例如下面這段程式碼，在啟動交易後的兩次讀取值都是一致的，甚至指定 snapshot=False 都不會造成交易中的兩次讀取有不同的結果。

```python
# Python 程式
with client.start_session() as session:
    with session.start_transaction():
        doc = db.data.find_one({ '_id': 0 }, session=session)
        print(doc)
        input('pause')
        doc = db.data.find_one({ '_id': 0 }, session=session)
        print(doc)
```

變化流

12-1 何謂變化流

變化流（Change Streams）是一種讓客戶端即時取得伺服端上資料變動的一種技術。舉個例子，當需要知道某項資料時，之前是透過 find() 或 aggregate() 方式取得，執行後會得到當時的資料，但卻無法知道執行之後資料是否有所變化。若要隨時掌握資料異動情形，就必須不斷的執行 find() 或 aggregate()，也就是將它們放到迴圈中，每隔一段時間就執行一次。但這種方式是一種沒有效率又增加兩邊系統負荷的一種作法，只適合低頻率的資料查詢作業並不適合要隨時掌握資料是否有變化的系統。變化流技術就是用在只要伺服端資料一有變動客戶端就需要馬上知道的場景，例如地震發生時，只要伺服端一收到資料，客戶端立即也會跟著收到資料，而不是等到客戶端下一次查詢時才知道資料有所變動。

當客戶端監視（watch）某個資料表的資料時，雙方就建立了變化流，之後只要該資料表的資料有所異動，異動資訊就會立即送到客戶端。異動包含了八種事件，分別是新增（insert）、修改（update）、取代（drop）、刪除（delete）、丟棄（drop）、改名（rename）、丟棄資料庫（dropDatabase）以及無效訊息（invalidate）。無效訊息會在監視對象消失時產生，例如監視的資料表被 drop 或是 rename 後，客戶端就會收到無效訊息，然後變化流就會中斷。

變化流不允許客戶端監視伺服端的 system 資料表以及 admin、local 與 config 這三個資料庫。此外，變化流必須使用在複寫集或是分片叢集上，無法在單一主機上使用，如果您對複寫或是分片技術還不熟悉的話，建議先回頭熟悉複寫與分片技術後才來看這個章節較為適當。

12-2 實例

變化流需透過程式碼建立，總共有三種可監視對象，最小範圍的是某個資料表，範圍稍微大一點的是某個資料庫，範圍最大的是所有資料庫。三種範圍的程式碼大同小異，分述如下。

監視某個資料表的程式碼

```python
# Python 程式
import pymongo
from pprint import *

client = pymongo.MongoClient()
db = client.test

cursor = db.members.watch()
```

```
while True:
    document = next(cursor)
    pprint(document)
```

監視某個資料庫的程式碼

```
# Python 程式
import pymongo
from pprint import *

client = pymongo.MongoClient()
db = client.test

cursor = db.watch()
while True:
    document = next(cursor)
    pprint(document)
```

監視所有資料庫的程式碼

```
# Python 程式
import pymongo
from pprint import *

client = pymongo.MongoClient()

cursor = client.watch()
while True:
    document = next(cursor)
    pprint(document)
```

先執行上面三個程式碼中任何一個建立 Python 程式與 MongoDB 間的變化流，然後新增一筆資料到 test 資料庫的 members 資料表。

```
# MongoDB shell
[direct: mongos] test> db.members.insertOne({ name: 'A01' })
```

新增完後在 Python 程式中可以立即得到新增的資料，如下。不論監視資料表、資料庫、複寫集或分片叢集，得到的輸出格式都是一樣的。

```
$ python3 watch.py
{
    '_id': {'_data': '一個很長的字串'},
    'clusterTime': Timestamp(1641441926, 2),
    'documentKey': {'_id': ObjectId('61d66a8689e4316161102e53')},
    'fullDocument': {'_id': ObjectId('61d66a8689e4316161102e53'),
'name': 'A01'},
    'ns': {'coll': 'members', 'db': 'test'},
    'operationType': 'insert'
}
```

變化流開啟後在正常情況下是不會關閉的，但遇到下面三種情況，變化流會被關閉。

1. 客戶端主動關閉了變化流，也就是 Python 程式中執行了 cursor.close() 指令。

2. 監視的對象不見了，例如客戶端監視某個資料表，但該資料表被 drop。

3. 若監視對象為分片叢集，但某個分片主機被移除。

以上三種狀況都會造成變化流關閉，也就是網路連線中斷，之後要再繼續監視的話，要重新建立變化流，可以是新的變化流也可以接續舊有的變化流，這部分稍後說明。

12-3 得到完整的修改內容

變化流建立後,當伺服端修改(update)資料時,變化流取得的訊息比較簡要,例如執行下面這個修改指令。

```
# MongoDB shell
[direct: mongos] test> db.members.updateOne(
    { name: 'A01' },
    { $set: { 'age': 35 }}
)
```

用來監視的 Python 程式會取得下面這個回傳結果,特別注意在 updateDescription 中只能看到哪個欄位被修改了。

```
$ python3  watch.py
{'_id': {'_data': '一個很長的字串'},
 'clusterTime': Timestamp(1641447720, 1),
 'documentKey': {'_id': ObjectId('61d6811c89e4316161102e57')},
 'ns': {'coll': 'members', 'db': 'test'},
 'operationType': 'update',
 'updateDescription': {'removedFields': [],
                       'truncatedArrays': [],
                       'updatedFields': {'age': 30}}}
```

如果在 watch 函數中加上 full_document='updateLookup' 參數,就可以得到更新後的完整資料,也就是整份文件。

```
# Python 程式
cursor = db.members.watch(full_document='updateLookup')
```

此時 Python 取得的回傳資料如下,多了 fullDocument 欄位,存放了完整的文件。

```
$ python3 watch.py
{'_id': {'_data': '一個很長的字串'},
 'clusterTime': Timestamp(1641447824, 1),
 'documentKey': {'_id': ObjectId('61d6811c89e4316161102e57')},
 'fullDocument': {'_id': ObjectId('61d6811c89e4316161102e57'),
                  'age': 35,
                  'name': 'A01'},
 'ns': {'coll': 'members', 'db': 'test'},
 'operationType': 'update',
 'updateDescription': {'removedFields': [],
                       'truncatedArrays': [],
                       'updatedFields': {'age': 35}}}
```

12-4 斷線後恢復監視

變化流有個機制可以在變化流斷線恢復後將斷線其間的資料異動全部取回，前提是 oplog 資料表中的資料沒有被覆蓋，意思是如果斷線期間資料變化量太大，有可能無法取回最早異動的資料。想要做到這個功能，必須先取得變化流的 resume token。Resume token 有兩個取得時間，一種是在變化流剛建立時取得，另外一種是在資料異動後取得。取得方式都是透過 cursor 的 resume_toke 屬性，程式碼如下。

```
# Python 程式
import pymongo
from pprint import *

client = pymongo.MongoClient()
db = client.test

cursor = db.members.watch()
print('變化流初始的 resume token:: \n{}\n'.format(cursor.resume_token))
while True:
    document = next(cursor)
    print('每筆資料的 resume token:: \n{}\n'.format(cursor.resume_token))
```

```
    print('傳回的內容::')
    pprint(document)
```

上面這支 Python 程式執行後另外透過 mongosh 在 MongoDB 中插入一筆資料，然後 Python 程式印出的訊息如下，從中可以看到每次資料異動傳回訊息的 _id 值，其實就是該資料的 resume token。

```
$ python3  watch.py
變化流初始的 resume token::
{'_data': '8261D6B24D000000032B0229296E04'}

每筆資料的 resume token::
{'_data':
'8261D6B253000000012B022C0100296E5A1004EBD26357FE5F43158A4E1FB08BFC5
88E46645F6964006461D6B25389E4316161102E600004'}

傳回的內容::
{'_id': {'_data':
'8261D6B253000000012B022C0100296E5A1004EBD26357FE5F43158A4E1FB08BFC5
88E46645F6964006461D6B25389E4316161102E600004'},
 'clusterTime': Timestamp(1641460307, 1),
 'documentKey': {'_id': ObjectId('61d6b25389e4316161102e60')},
 'fullDocument': {'_id': ObjectId('61d6b25389e4316161102e60'), 'name':
'A01'},
 'ns': {'coll': 'members', 'db': 'test'},
 'operationType': 'insert'}
```

儲存得到的 resume token，之後要恢復時只要在 watch() 中加上 resume_after 參數，伺服器就會將指定的 resume token 之後所有的異動資料傳到客戶端，例如下面這段程式碼會在恢復變化流連線後，客戶端會收到從開始建立變化流到目前所有的資料異動訊息。

```
# Python 程式
resume_token = {'_data': '8261D6B24D000000032B0229296E04'}
cursor = db.members.watch(resume_after=resume_token)
```

如果每次儲存的都是最後一筆資料的 resume token，當恢復連線後就會收到從上次斷線時到目前時間點的異動資料（只要 oplog 資料沒有被覆蓋）。但有一個狀況就是變化流已經完全無法恢復，例如監視的對象已經被刪除或是改名字了，這時重新啟動的資料流會是一個新的變化流。這種情況要取得從上次斷線後的資料異動變的不可能，除非程式碼能夠立即修改成新的監視對象，並且還要確保程式修改前沒有任何客戶端執行了資料異動指令。為了解決這個問題，只要將 watch() 中的 resume_after 參數改為 start_after 就可以讓斷掉的變化流接續起來，如此就能取得從舊變化流的最後一筆資料開始，一直到新變化流中的所有資料異動狀況，其實就相當於取得新資料流中的全部資料，當然還是要在 oplog 尚未被覆蓋的前提下。

使用時間戳記

除了透過 resume token 來取得變化流斷掉其間的資料異動狀況外，也可以透過時間戳。這裡的時間戳指的是 BSON 的 Timestamp 型態，不是常見的一個很大整數那種型態。使用到時間戳的時機就是要取得一個明確時間點之後的資料異動，而不是某個 resume token 之後的資料異動，例如希望得到一小時內的資料異動狀況，當然這必須在 oplog 資料沒有被覆蓋的前提下。

下面這段程式碼為取得資料表 members 在一小時內的資料異動情形。

```python
# Python 程式
import pymongo
import time
from bson.timestamp import Timestamp
from pprint import *

timestamp = int(time.time()) - 1 * 60 * 60
client = pymongo.MongoClient()
```

```
db = client.test
cursor = db.members.watch(start_at_operation_time=Timestamp(timestamp, 1))

while True:
    document = next(cursor)
    pprint(document)
```

12-5 結合 pipeline

變化流可以結合 pipeline 做到特定資料監視，例如地震強度大於 5 的時候才需要知道。要注意的地方在於，這裡的 pipeline 目標不是伺服端原始資料，而是變化流的資料。所以在下面這段程式碼中特別注意原始資料欄位 magnitude 前要加上 fullDocument。

```
# Python 程式
import pymongo
from pprint import *

client = pymongo.MongoClient()
db = client.test

pipeline = [
    {
        '$match': {
            'fullDocument.magnitude': {
                '$gte': 5
            }
        }
    }
]

cursor = db.earthquake.watch(pipeline=pipeline)
while True:
    document = next(cursor)
    pprint(document)
```

執行上面的 Python 程式後，使用 MongoDB shell 新增下面兩筆資料試試看，應該只會看到規模 5.1 的那筆資料會被 Python 程式印出來。

```
# MongoDB shell
[direct: mongos] test> db.earthquake.insertMany(
  [
    { magnitude: 3 },
    { magnitude: 5.1 }
  ]
)
```

變化流可以使用的 pipeline stage 有 $addFields、$match、$project、$replaceRoot、$replaceWith、$redact、$set 與 $unset 這幾種。另外要注意的是不要透過 $project 或 $unset 將 _id 欄位移除，因為這個欄位值也用於 resume token，若移除 _id 會產生錯誤訊息。

系統管理

13-1 使用權限設定

MongoDB 在預設情況下是沒有設定權限的,也就是說,只要能夠進去 MongoDB 的使用者都是最大權限,這對一個正式上線的系統而言,安全性當然不夠。所以我們應該要對上線的系統設定權限,讓擁有權限的使用者進行授權內的操作。

13-1-1 內建角色

MongoDB 內建的權限稱為角色(role),我們只要對使用者設定各種角色就相當於授權這些使用者能夠做哪些事情,因此瞭解有哪些角色可以讓我們使用是很重要的事情。目前 MongoDB 內建的角色分述如下:

一般使用者

角色名稱	說明
read	對指定資料庫只能查詢資料。
readWrite	對指定資料庫可增刪修查資料。 對指定資料庫可以建立與刪除資料表與索引。

資料庫管理

角色名稱	說明
dbAdmin	對指定資料庫具有管理權限，包含建立與刪除資料庫。 有權限查看指定資料庫與資料表的統計資料。 不具有指定資料庫的使用者管理權限。
userAdmin	對指定資料庫的使用者具有管理權限，包含授權或取消角色 ※特別注意是否有使用者在 admin 資料庫上具有此角色權限，這會讓該使用者有能力擴充自己的權限至所有資料庫。
dbOwner	對指定資料庫具有包含 readWrite、dbAdmin 與 userAdmin 三個角色的權限。

叢級管理 （只要系統中超過一部主機時都適用）

角色名稱	說明
hostManager	具有監看與用有少數管理伺服器權限，包含關機指令。 無權限讀取 config 與 local 資料庫。
clusterMonitor	對叢集只具有讀取資料或是監看主機狀態的權限。 具有 config 與 local 資料庫讀取權限。
clusterManager	具有增加與移除複寫集主機能力。 具有增加與移除分片主機能力。 具有移動與分割 chunk 權限。 具有 config 與 local 資料庫存取權限。

角色名稱	說明
clusterAdmin	叢集最高權限管理者，包含了 clusterMonitor、hostManager、clusterManager 這三個角色的權限以及可以執行 dropDatabase 指令。

備份與恢復

角色名稱	說明
backup	提供備份所有資料庫需要的最小權限。
restore	提供還原所有資料庫需要的最小權限。

以上兩個角色的範圍都是所有資料庫，所以設定角色在哪個資料庫作用時，必須是 admin 資料庫，不可以指定其他資料庫。若要限制只能備份或還原特定資料庫時，應該要使用的角色是 read，這樣該使用者就無法備份或還原沒有授權的資料庫了。

全資料庫角色

角色名稱	說明
readAnyDatabase	除 local 與 config 資料庫外，可讀取任何資料庫。
readWriteAnyDatabase	除 local 與 config 資料庫外，可存取任何資料庫。
userAdminAnyDatabase	除 local 與 config 資料庫外，可管理任何資料庫使用者。
dbAdminAnyDatabase	除 local 與 config 資料庫外，可管理任何資料庫。

超級使用者

角色名稱	說明
root	包含 readWriteAnyDatabase、dbAdminAnyDatabase、userAdminAnyDatabase、clusterAdmin、restore、backup 等角色，因此 root 擁有 MongoDB 最高權限。

以上大略說明這些內建角色具有的權限，由於每一個角色實際能夠執行的指令非常多，細節內容建議參考官方網站，網址如下：
https://docs.mongodb.com/manual/reference/built-in-roles/。

13-1-2 實際演練

Step 1 使用 mongosh 連進 MongoDB 後切換資料庫至 admin，然後建立管理者帳號，例如 myAdmin，密碼部分可以使用 passwordPrompt() 函數，這樣輸入密碼時會以「*」隱藏實際密碼，或者直接填入密碼也可以。最後授予這個帳號 userAdminAnyDatabase 與 readWriteAnyDatabase 這兩個角色。

```
# MongoDB shell
test> use admin
admin> db.createUser(
  {
    user: 'myAdmin',
    pwd: passwordPrompt(),
    roles: [
      { role: 'userAdminAnyDatabase', db: 'admin' },
      { role: 'readWriteAnyDatabase', db: 'admin' }
    ]
  }
)
```

Step 2 重新啟動 MongoDB server 並且加上 --auth 參數。這裡要特別注意，如果啟動時沒有加上 --auth 參數，這時操作資料庫是不需要帳密的。

```
$ mongo --dbpath ./data/db --auth
```

Step ③ 現在使用 MongoDB shell 連進資料庫時可以加上帳密參數 -u 與 -p，否則連進去後除了使用 use 切換資料庫外，無法做任何事情。

```
$ mongosh -u myAdmin -p 1234
```

另外一種方式是 MongoDB shell 後面不加帳密參數，待連進 MongoDB 後執行下列指令取得身份認證也可以。

```
# MongoDB shell
test> use admin
admin> db.auth('myAdmin', '1234')
```

Step ④ 現在操作資料庫的身份應該是 myAdmin 使用者。接下來假設之後我們要建立 opendata 這個資料庫，所以我們要為這個資料庫建立一個管理者。這個管理者帳號可以放在 admin 資料庫中或是 opendata 資料庫中，假設我們決定要放在 opendata 資料庫中。這裡我們刻意不讓 opendata 的管理者具有存取資料權限，如果需要讓他可以存取資料，再加上 readWrite 角色即可。

```
# MongoDB shell
admin> use opendata
opendata> db.createUser(
  {
    user: 'opendataDbAdmin',
    pwd: '1234',
    roles: [
        { role: 'dbAdmin', db: 'opendata' },
        { role: 'userAdmin', db: 'opendata' }
    ]
  }
)
```

Step ⑤ 現在我們可以將 opendataDbAdmin 這個帳號交付給 opendata 這個資料庫的管理者了。假設該管理者連進資料庫，他的責任應該是要建立資料庫的使用者帳號，否則現在除了 myAdmin 外，沒有人可以在 opendata 資料庫中存取資料。

```
# MongoDB shell
test> use opendata
opendata> db.auth('opendataDbAdmin', '1234')
opendata> db.createUser(
  {
    user: 'user',
    pwd: '1234',
    roles: [
        { role: 'readWrite', db: 'opendata' }
    ]
  }
)
```

Step ⑥ 現在 opendata 資料庫的管理者可以將 user 這個帳號交付給後端系統開發人員，讓他們連進資料庫存取資料了。

```
# MongoDB shell
test> use opendata
opendata> db.auth('user', '1234')
opendata> db.data.insertOne({str: 'hello'})
```

現在我們的 MongoDB 中有三個使用者，整理如下表：

使用者	角色	帳號位置	說明
myAdmin	userAdminAnyDatabase readWriteAnyDatabase	admin	MongoDB 管理者，具使用者管理權限，也可存取所有資料庫資料
opendataDbAdmin	dbAdmin userAdmin	opendata	opendata 資料庫管理者，不具存取權限

使用者	角色	帳號位置	說明
user	readWrite	opendata	opendata 資料庫使用者，擁有該資料表的資料存取權限

如果我們想要知道目前登入的使用者身份，可以在 MongoDB shell 中使用 runCommand 這個指令查看 connectionStatus。

```
# MongoDB shell
opendata> db.runCommand({ connectionStatus : 1 })
# Output
{
  authInfo: {
    authenticatedUsers: [ { user: 'user', db: 'opendata' } ],
    authenticatedUserRoles: [ { role: 'readWrite', db: 'opendata' } ]
  },
  ok: 1
}
```

13-1-3 Python 與 Compass 登入

在 Python 程式中要連線至需要帳密的資料庫時，可以使用 uri 字串，如下：

```
# Python 程式
import pymongo

uri = 'mongodb://user:1234@localhost:27017/opendata'
client = pymongo.MongoClient(uri)
db = client.opendata
db.users.insert_one({ 'name': 'someone' })
```

使用 Compass 登入時，一樣可以使用 uri 字串登入資料庫。

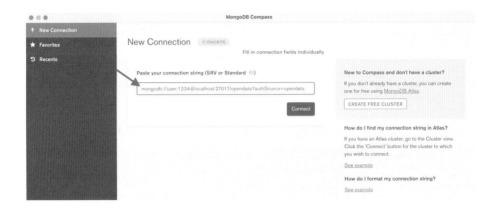

也可以在表單中填入登入資訊後登入。點選下圖圈出的字串後畫面會出現表單,填入相關登入資料後就可以登入了。

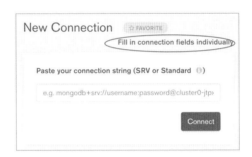

在 Authentication 選擇 Username/Password 就可以輸入帳號密碼,最後的 Database 要輸入該帳號所在的資料庫名稱,若沒輸入的話預設是 admin 資料庫。

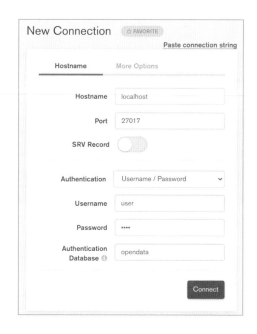

13-1-4 其他相關函數

執行下列這些指令請都在 MongoDB Shell 中進行。

● **修改密碼**：db.changeUserPassword()

語法：db.changeUserPassword('username', 'password')

● **刪除使用者**：db.dropUser()

語法：db.dropUser('username')

● **刪除所有使用者**：db.dropAllUsers()

語法：db.dropAllUsers()

● **列出使用者資料**：db.getUser()

語法：db.getUser('username')

範例：

```
# MongoDB shell
opendata> db.getUser('user')
# Output
{
  _id: 'opendata.user',
  userId: UUID("e5888dde-f1ae-4837-9525-dda9410e18a1"),
  user: 'user',
  db: 'opendata',
  roles: [ { role: 'readWrite', db: 'opendata' } ],
  mechanisms: [ 'SCRAM-SHA-1', 'SCRAM-SHA-256' ]
}
```

● 列出所有使用者資料：db.getUsers()

語法：db.getUsers()

● 增加角色：db.grantRolesToUser()

語法：db.grantRolesToUser('username', [roles])

範例：

若使用者 guest 沒有 readWrite 角色，現在想要將他增加 readWrite，指令如下。如果同時還要加其他的角色，就全部放在陣列中即可。

```
# MongoDB shell
test> db.grantRolesToUser(
    'guest',
    [ 'readWrite' ]
)
```

上面這樣的語法表示使用者 guest 在 test 資料表增加 readWrite 角色，如果要讓 guest 在別的資料庫（例如 opendata）上擁有 readWrite 權限，可以使用下面這樣的語法。

```
# MongoDB shell
test> db.grantRolesToUser(
   'guest',
   [ { role: 'readWrite', db: 'opendata' } ]
)
```

● 移除角色：db.revokeRolesToUser()

語法：db.revokeRolesToUser('username', [roles])

移除角色與增加角色是相反的操作，語法指令完全一樣，移除角色用來縮小使用者權限，增加角色則是增加使用者權限。

MongoDB 中的使用者都是紀錄在 admin 資料庫中，想要知道目前所有建立的使用者狀況，在 admin 資料庫中使用 find() 就可以查詢所有使用者。

```
# MongoDB shell
admin> db.system.users.find()
```

如果我們要修改使用者名稱，只要針對 system.users 中的資料使用 update() 指令即可，但這個指令必須具有 root 角色的使用者才能執行，若資料庫目前沒有 root 權限的使用者，可以重新啟動 MongoDB server 並且不要加上 --auth 參數，修改完後再重新啟動 MongoDB server（此時加上 --auth）即可。

```
# MongoDB shell
admin> db.system.users.update(
   { user: 'old_username' },
   { $set:
      { user: 'new_username' }
   }
)
```

13-1-5 複寫與分片的使用權限設定

在複寫集或分片叢集中設定使用者權限方式與單一伺服器設定方式不同，最重要的是透過一個 keyfile 檔案來認證彼此是同一個複寫集或是分片叢集。

複寫管理權限設定

請先根據複寫單元部署 PSS 複寫集，部署完成後必須在 Primary 設定使用者權限。使用 MongoDB shell 連進 Primary，建立一個管理者帳號，名稱與角色設定如下，注意要加上 clusterAdmin 角色。這個角色需不需要 userAdminAnyDatabase 或 readWriteAnyDatabase 角色，可以依據實際需求決定。

```
# MongoDB shell
rs0 [direct: primary] test> use admin
rs0 [direct: primary] admin> db.createUser(
  {
    user: 'rs0Admin',
    pwd: passwordPrompt(),
    roles: [
      { role: 'clusterAdmin', db: 'admin' },
      { role: 'userAdminAnyDatabase', db: 'admin' },
      { role: 'readWriteAnyDatabase', db: 'admin' }
    ]
  }
)
```

設定完成後停止複寫集中所有伺服器運作。接下來要產生一個 keyfile，內容為 1024 bytes 的字串，要由 openssl 指令來產生這個檔案。檔案產生後將權限透過 chmod 指令改為 400，Windows 使用者不需要下 chmod 指令。然後將這個檔案複製到所有的複寫集中，檔名與路徑都可任意。

```
$ openssl rand -base64 756 > keyfile
$ chmod 400 keyfile
```

接下來啟動複寫集中所有伺服器,並且加上 --keyFile 參數。這裡因為我們在同一部電腦上啟動複寫集的三部伺服器,所以 keyfile 大家共用即可,因此 --keyFile 參數後的 keyfile 路徑是一樣的。

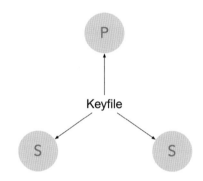

第一個終端機要執行的指令
```
$ mongod --port 20000 --dbpath ./data/dbA --replSet rs0 --keyFile
data/keyfile
```

第二個終端機要執行的指令
```
$ mongod --port 20001 --dbpath ./data/dbB --replSet rs0 --keyFile
data/keyfile
```

第三個終端機要執行的指令
```
$ mongod --port 20002 --dbpath ./data/dbC --replSet rs0 --keyFile
data/keyfile
```

接下來使用 MongoDB shell 連進複寫集後的相關權限設定等操作就與單一伺服器一樣。所以複寫集要新增使用者權限最重要的一個步驟就是需要一個 keyfile。

系統管理

分片的管理權限設定

分片叢集有單獨的管理權限，設定時各複寫集的權限與分片叢集沒有關係。設定分片叢集的權限管理時，Config 與 Router 先按照無權限的參數啟動。Config 啟動方式如下（請參考第 10 章）。

```
第一個終端機要執行的指令
$ mongod --port 30000 --dbpath data/cfg/dbA --replSet cfg --configsvr

第二個終端機要執行的指令
$ mongod --port 30001 --dbpath data/cfg/dbB --replSet cfg --configsvr

第三個終端機要執行的指令
$ mongod --port 30002 --dbpath data/cfg/dbC --replSet cfg --configsvr
```

Router 的啟動方式如下，也是無權限設定的參數。

```
$ mongos --configdb cfg/localhost:30000,localhost:30001,localhost:30002
```

以上幾個參數都是沒有加上權限的一般啟動參數。現在使用 MongoDB shell 連進 Router，在 admin 資料庫中建立兩個使用者，第一個使用者是分片叢集的最高權限管理者，並且同時可以管理叢集中每個資料庫。

```
# MongoDB shell
[direct: mongos] test> use admin
[direct: mongos] admin> db.createUser(
   {
     user: 'shAdmin',
     pwd: passwordPrompt(),
     roles: [
       { role: 'clusterAdmin', db: 'admin' },
       { role: 'userAdminAnyDatabase', db: 'admin' }
     ]
   }
)
```

第二個使用者是對 test 資料庫有 readWrite 權限的一般使用者。

```
# MongoDB shell
[direct: mongos] admin> use test
[direct: mongos] test> db.createUser(
  {
    user: 'user',
    pwd: passwordPrompt(),
    roles: [
        { role: 'readWrite', db: 'test' }
    ]
  }
)
```

這兩個使用者建立完成後，停掉 Config 與 Router，重新啟動時加上權限參數。Config 加上 --keyFile keyfile。叢集中所有複寫集以及 Router 使用的 keyfile 內容必須是一樣的。

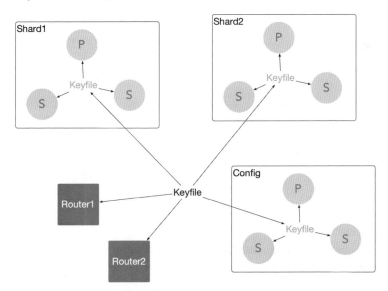

第一個終端機要執行的指令
```
$ mongod --port 30000 --dbpath data/cfg/dbA --replSet cfg --configsvr
--keyFile data/keyfile
```

第二個終端機要執行的指令
```
$ mongod --port 30001 --dbpath data/cfg/dbB --replSet cfg --configsvr
--keyFile data/keyfile
```

第三個終端機要執行的指令
```
$ mongod --port 30002 --dbpath data/cfg/dbC --replSet cfg --configsvr
--keyFile data/keyfile
```

Router 要加上 --keyFile 參數。

```
$ mongos --configdb cfg/localhost:30000,localhost:30001,localhost:
30002 --keyFile data/keyfile
```

到這裡，分片叢集的權限就定完成了。現在使用 MongoDB Shell 連進
Router 後，就可以透過 db.auth() 取得授權，我們在 test 資料庫登入使
用者 user 試試看。

```
# MongoDB shell
$ mongosh
[direct: mongos] test> db.auth('user', '1234')
# Output
{ ok: 1 }
```

現在使用者 user 對 test 資料庫已經具有 readWrite 權限了，存取一筆資
料試試。

```
# MongoDB shell
[direct: mongos] test> db.d.insertOne({name: 'Sonia'})
# Output
{
  acknowledged: true,
  insertedId: ObjectId("61c88002155c37e958ed0f39")
}
```

```
[direct: mongos] test> db.d.find()
# Output
[ { _id: ObjectId("61c88002155c37e958ed0f39"), name: 'Sonia' } ]

[direct: mongos] test> db.d.drop()
# Output
true
```

13-2 SSL/TLS 加密

上一節我們透過使用者角色設定，讓登入 MongoDB 的使用者擁有不同的權限，增加資料庫的安全性。這一節要來設定資料在傳輸過程中是加密的，否則在網路上的資料其實一點也不安全，就像 https 開頭的網址要比 http 來得安全，因為資料傳輸過程是加密的。加密連線必須先安裝憑證，受信任的第三方數位憑證認證機構發出的憑證需要付費，正式對外上線的系統應該使用這種憑證，雖然有免費的，但效期通常只有三個月。這裡我們使用我們自己簽署的憑證，自然永久免費，但對於一個正式上線的系統，公信力要比第三方認證過的憑證來得差，使用者也不太信任這種憑證，但現在我們內部測試使用，較無所謂。

首先使用 openssl 程式產生私鑰與公鑰，過程中會問一些需要的資訊，這裡可隨意輸入，但如果未來要將此資料送交第三方機構認證，內容最好填正確的，正確的資料也會提高使用者對憑證信任程度。

```
$ openssl req -new -x509 -sha256 -days 365 -nodes \
      -out mongodb.csr -keyout mongodb.key
```

然後將私鑰與公鑰使用下列指令合併成 pem 檔，這樣就簽署完成。Windows 讀者請將下方的 cat 指令改為 type。過程其實就是將兩個文字檔合併成一個。

```
$ cat mongodb.key mongodb.csr > mongodb.pem
```

13-2-1 Server 端啟動加密

產生出 mongodb.pem 檔案後就可以讓 mongod 或 mongos 啟動時設定 TLS（Transport Layer Security）或 SSL（Secure Sockets Layer）加密了。TLS 的安全性比 SSL 來得高，使用上建議優先考慮 TLS。若 MongoDB server 的啟動參數放在 config 檔中，在該檔案中的 TLS 參數如下：

```
net:
  tls:
    mode: requireTLS
    certificateKeyFile: <path>/mongodb.pem
```

若打算使用 SSL 則改為：

```
net:
  ssl:
    mode: requireSSL
    PEMKeyFile: <path>/mongodb.pem
```

若 server 使用命令列參數啟動 TLS，參數如下。

```
$ mongod --tlsMode requireTLS --tlsCertificateKeyFile
<path>/mongodb.pem
```

若 server 使用命令列參數啟動 SSL 加密，參數如下。

```
$ mongod --sslMode requireSSL --sslPEMKeyFile <path>/mongodb.pem
```

13-2-2 Client 端連線加密

使用 mongosh 連進資料庫時，設定加密連線參數如下。由於目前的憑證是我們自己簽署的，並沒有經過具公信力的第三方機構驗證，所以要加上第二個參數允許使用這種沒公信力的憑證進行連線。一般而言，使用者看到需要加上這個參數才能連線時，通常就會產生資安疑

慮，因此前面提過，正式上線的系統應該使用第三方認證過的憑證以
提高系統資安公信力。

```
$ mongosh --tls --tlsAllowInvalidCertificates
```

若是 Python 程式，連線時的參數設定如下。

```
client = pymongo.MongoClient(tls=True, tlsAllowInvalidCertificates=True)
```

若要使用 uri 字串進行連線，字串如下。

```
mongodb://localhost/?tls=true&tlsAllowInvalidCertificates=true
```

以上都是使用 TLS 加密，若要使用 SSL，只要將各字串中的 tls 改為
ssl 即可。若要使用 Compass 軟體登入，由於目前在 Compass 的 uri 字
串不支援 tlsAllowInvalidCertificates 參數，因此必須改為表單方式登
入，只要在表單的「More Options」頁面將 SSL 項目設定為 Unvalidated
即可，如下圖。

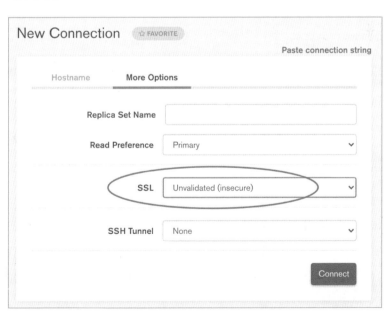

13-3 備份與還原

MongoDB 備份與還原使用的指令分別為 mongodump 與 mongorestore，
這兩支程式位於 MongoDB Database Tools 壓縮檔中，請自行從 MongoDB
官網下載後解壓縮。

13-3-1 備份

備份指令為 mongodump，可以使用 --help 察看所有可以使用的參數。
如果沒有加上任何參數時，會將整個 MongoDB 中所有資料庫備份出
來，放在 dump 資料夾下。

```
$ mongodump
```

如果只要備份特定資料庫，使用 -d 或 --db 參數即可，這樣會將該資料
庫（下面指令為 test 資料庫）中的所有資料表都備份出來。

```
$ mongodump -d=test
```

若要特定資料庫的其中某個資料表，加上 -c 或是 --collection 參數。

```
$ mongodump -d=test -c=some_collection
```

若加上 --gzip 就可以將備份出來的資料壓縮處理，附檔名為 .gz。

```
$ mongodump -d=test --gzip
```

每一個資料表 dump 出來的檔案有兩個，附檔名 .bson 的為實際儲存的
資料，附檔名 .metadata.json 的為其他跟這個資料表有關的資料，例如
索引。附檔名 .bson 的檔案為二進位檔，所以無法用文字編輯器查看內
容，如有需要查看內容時，可以使用 bsondump 指令將 .bson 的內容轉
成 JSON 格式。

```
$ bsondump sample.bson --outFile course.json
```

如果沒有加 --outFile 參數時，預設輸出為 stdout，也就是螢幕。

13-3-2 還原

將資料庫還原使用 mongorestore 指令，若不加任何參數時，會將 dump
資料夾中所有內容全部還原回去。

```
$ mongorestore dump
```

還原特定資料庫中的特定資料表，跟備份一樣，加上 -d 與 -c 參數即可。

```
$ mongorestore dump/test -d=test -c=some_collection
```

如果備份時有加上 --gzip 參數，還原時也要加上 --gzip 參數。

```
$ mongorestore dump --gzip
```

其他參數可以使用 --help 查看。

13-4 匯入與匯出

我們可以將 JSON 或 CSV 這兩種格式的檔案匯入到 MongoDB 中，也可
以將某個資料表內容匯出成 JSON 或 CSV 格式的檔案。匯入匯出既可
以在 Compass 中操作，也可以下指令操作。匯入指令為 mongoimport，
匯出指令為 mongoexport，必須安裝 MongoDB Database Tools 才會有
這兩個指令。

CSV 格式的匯入匯出，建議在 Compass 中進行比較容易。

13-4-1 匯入

將 json 資料匯入到 MongoDB Server 中，若未指定 -d 參數，預設為資料庫為 test。其他參數可以使用 --help 查看。

```
$ mongoimport source.json -d=database -c=collection
```

若要在 Compass 中執行匯入功能，先點選「ADD DATA」按鈕。

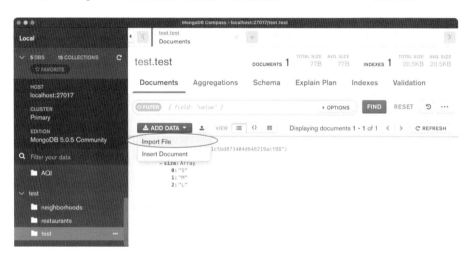

然後選擇要匯入的檔案與格式就可以了。

13-4-2 匯出

將資料匯出至標準輸出，也就是螢幕。

```
$ mongoexport -d=database -c=collection
```

匯出到指定檔案。

```
$ mongoexport -d=database -c=collection -o=data.json
```

可以加上 --pretty 參數，讓輸出的 json 格式容易閱讀。

```
$ mongoexport -d=database -c=collection -o=data.json --pretty
```

其他參數可以使用 --help 查看。

若要在 Compass 中匯出，點選匯出按鈕，如下圖。

然後可以選擇全部資料還是部分資料匯出，若是部分資料的話就要輸入查詢條件，符合條件的資料才會匯出。

然後選擇要匯出的欄位。這裡我們還可以自行加上額外的欄位後一併匯出。

最後選擇匯出的格式為 JSON 還是 CSV，然後給個檔名就完成了。

應用程式介面

14-1 說明

應用程式介面稱為 API，全名為 Application Programming Interface，扮演兩個程式間的溝通橋梁。全書最後這一章要處理的問題是如何將 MongoDB 中的資料傳到常見的使用者操作介面上，例如網頁或是行動裝置上的 App。當然 MongoDB 官方也針對各種不同應用程式提供了對映的驅動程式，例如 Java、C#、PHP、Swift、Ruby⋯等。但因為本書存取 MongoDB 資料庫使用的語言為 Python，在不增加讀者額外負擔的情況下，若想要將 MongoDB 中的資料能夠在網頁或是行動裝置的 App 上呈現，就需要透過 Python 來設計一些 API 好讓其他應用程式能存取 MongoDB 中的資料。

Python 作為後端服務提供者，其實也有許多著名的框架或平臺可以使用，代表性的有 Django 或 Flask，但這個章節並不打算說明如何使用這些著名的系統，並不是因為它們不合適，而是因為它們的份量已經超過一本書中的一個小章節。所以這裡只打算介紹兩個簡單的技術，能夠快速的開發出 API 提供其他應用程式呼叫，用在雛形系統、專題製作等小型專案上，綽綽有餘。這兩個技術分別是 CGI 與 MQTT。

14-2 CGI

CGI，全名是 Common Gateway Interface，是一種在 Web Server 端並且由 Web Server 來啟動執行的一種程式，只要符合 CGI 規範，任何一種程式語言都可以寫成 CGI 程式。CGI 的執行權限可以具有作業系統的最高管理權限，因此能夠做到許多網頁後端程式，例如 ASP.NET、JSP、PHP… 這些程式無法做到的功能。目前各種主要的 Web Server 都支援 CGI，但預設是關掉的，只要把這功能打開，我們寫的 CGI 程式就可以透過網頁或各應用程式的 Web API 呼叫開始做事了。

Web Server 根據收到的 HTTP 要求來決定執行哪一個 CGI 程式，並且將 HTTP 要求中的資料傳給 CGI。CGI 執行完會將執行結果傳給 Web Server，Web Server 再將這個結果傳給發出 HTTP 要求的客戶端，可能是網頁或是手機上的應用程式，如下圖。

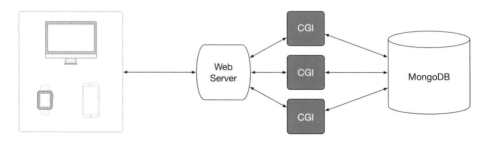

想要執行 CGI 程式，必須先安裝 Web Server，這裡我們簡單處理，啟動 Python 3 內建的 Web Server 即可，不論是 Windows、macOS 或 Linux

的啟動指令都一樣，只要注意各作業系統的 Python 指令是 python 還是 python3，預設的埠號為 8000，可以改。

```
$ python3 -m http.server --cgi
```

在目前執行上述指令的資料夾中建立名稱為 cgi-bin 資料夾，全部小寫，CGI 程式必須放在這個資料夾中才能執行。要注意不同的 Web Server 有不同的規定，Python 內建的 Web Server 這樣做就可以了。

14-2-1 第一支 CGI 程式

現在來寫個簡單的 CGI 程式測試一下，如下。第一行的路徑請根據您電腦中 Python 的安裝路徑自行修改，Windows 讀者請將第一行刪除。前兩個 print() 內容為 HTTP 協定規定的表頭資料，必須在真正內容輸出前先輸出它們，如果沒輸出正確的表頭資料，Web Server 會發出錯誤訊息。第三個 print() 內容就是應用程式實際收到的內容，以網頁而言就是瀏覽器上看到的畫面。

```
#!/usr/local/bin/python3

# Python 程式
print('content-type: text/plain')
print()
print('hello world')
```

將上面這支程式存檔到 cgi-bin 資料夾下，檔名為 hello.py。macOS 與 Linux 讀者別忘了要將 CGI 程式加上可執行權限（指令為 chmod +x hello.py）。然後開啟瀏覽器，網址輸入下方網址，若看到 hello world 就代表 CGI 程式正常運作了。

http://localhost:8000/cgi-bin/hello.py

當有錯誤時，CGI 程式是非常難以除錯的，因為錯誤發生點是在 Server 端，所以所有的錯誤訊息全部被 Web Server 屏蔽掉。有兩種除錯方式一定要知道，否則執行結果不如預期時，只能瞎子摸象慢慢猜了。第一種方式是在 CGI 程式中加上下面這兩行程式碼，之後只要有錯誤發生就會將相關的錯誤訊息經由 Web Server 送到前端去，正式上線後建議移除這兩行。

```python
# Python 程式
import cgitb
cgitb.enable()
```

第二種方式稱之為後端測試，也就是在 CGI 所在的電腦上直接執行 CGI 程式看看執行結果。因為 CGI 程式也是標準的 Python 程式，所以一樣可以當作 Python 程式來執行，這時有任何非預期的執行結果都會直接顯示而不會被 Web Server 屏蔽掉。

14-2-2 GET 與 POST

應用程式端透過網址執行 CGI 程式時，可以傳遞資料給 CGI 程式，內建的 cgi 模組只支援 GET 與 POST 兩種模式。若客戶端要傳遞的參數名稱為 field 時，CGI 程式撰寫如下。

```python
#!/usr/local/bin/python3

# Python 程式
import cgi

form = cgi.FieldStorage()
value = form.getvalue('field')

print('content-type: text/plain')
print()
print(value)
```

請在瀏覽器的網址列輸入下列網址並帶入參數，此時網頁內容應該會看到 field 後方填入的值，也就是 hi。此為 GET 模式。

http://localhost:8000/cgi-bin/hello.py?field=hi

若是 POST 模式則要寫個簡單的網頁，如下，檔案放在 cgi-bin 的上一層資料夾，也就是跟 Web Server 啟動資料夾的同一層，若檔名為 index.html 且內容如下。

```html
<!-- 網頁 -->
<html>
<body>
<form action="/cgi-bin/hello.py" method="post">
    <input name="field"><p>
    <input type="submit">
</form>
</body>
</html>
```

這時瀏覽器上輸入的網址為：http://localhost:8000/。

14-2-3 與 MongoDB 結合

利用上一節網頁表單中的 field 欄位來輸入查詢資料，將特定地點的 AQI 指標查詢出來後顯示到網頁上。

```python
#!/usr/local/bin/python3

# Python 程式
import cgi
import pymongo

form = cgi.FieldStorage()
value = form.getvalue('field')
```

```
client = pymongo.MongoClient()
db = client.opendata
doc = db.AQI.find_one({ 'SiteName': value })

print('content-type: application/json')
print()
print(doc)
```

這邊可以有兩種作法,一種就是 CGI 輸出 JSON 格式,如上面最後一行程式碼,然後在網頁前端再透過 JavaScript 解析 JSON 內容後產生漂亮的使用者介面,行動裝置上的 App 也是這樣處理。另外一種作法就是 CGI 輸出網頁,此時網頁前端只要設計 css 樣式就可以,在行動裝置上通常使用 WebView 元件呈現結果。若要採用第二種作法只要將上述程式的最後三行改為如下程式碼,就是直接輸出網頁了。最後一個 print 利用三個單引號夾住多行字串。

```
# Python 程式
print('content-type: text/html')
print()
print('''
    <html>
    <head>
        <meta charset="utf-8">
    </head>
    <body>
        縣市:{County}<br>
        地點:{SiteName}<br>
        AQI:{AQI}
    </body>
    </html>
'''.format(**doc))
```

14-2-4 GridFS 檔案存取

若要透過網頁上傳檔案並儲存到 MongoDB 的 GridFS 中，簡單的網頁
內容如下。

```html
<!-- 網頁 -->
<html>
<body>
<form enctype="multipart/form-data" action="/cgi-bin/upload.py"
method="post">
    <input type="file" name="filename"><p>
    <input type="submit">
</form>
</body>
</html>
```

將檔案存到 GridFS 的 CGI 程式如下。

```python
#!/usr/local/bin/python3

# Python 程式
import cgi
import pymongo
import gridfs

# 取得上傳的檔名與檔案內容
form = cgi.FieldStorage()
fileitem = form['filename']
filename = fileitem.filename
data = fileitem.file.read()

# 儲存至 GridFS
client = pymongo.MongoClient()
db = client.test
fs = gridfs.GridFS(db)
fs.put(data, filename=filename)
```

```
print('content-type: text/plain')
print()
print('done')
```

從 GridFS 取出檔案的 CGI 程式如下。注意最後兩行不可以用 print()
輸出從 GridFS 取出的檔案內容,因為 print() 會改變編碼格式,sys.stdout
才會輸出原始的二位元內容。此外,Windows 讀者請將第一行刪除。

```
#!/usr/local/bin/python3

# Python 程式
import cgi
import pymongo
import gridfs
import sys

form = cgi.FieldStorage()
filename = form.getvalue('filename')

# 從 GridFS 中取出檔案
client = pymongo.MongoClient()
db = client.test
fs = gridfs.GridFS(db)
file = fs.find_one({ 'filename': filename })

if file is None:
    print('content-type: application/json')
    print()
    print('{"error": "file not found"}')
else:
    data = file.read()

    # 傳回檔案內容
    print('content-type: application/octet-stream;')
    print('content-disposition: attachment;
filename="{}"'.format(filename))
    print('content-length: ' + str(len(data)))
```

```
print()
sys.stdout.flush()
sys.stdout.buffer.write(data)
```

若上述 CGI 檔名是 download.py，呼叫的 Web API 網址如下。

http://localhost:8000/cgi-bin/download.py?filename=test.docx

14-3 MQTT

熟悉物聯網的讀者對 MQTT 協定應該多少不陌生。MQTT 全名為 Message Queuing Telemetry Transport，是一種高階的網路通訊協定，主要用在物聯網系統上。MQTT 的底層架構採用訂閱與發佈機制，發佈者透過 Broker（訊息轉送中心）將訊息傳到訂閱者手中，因此一個訊息可以同時傳給多個訂閱者，而每個訂閱者也可以同時訂閱多個主題來接收不同發佈者發佈的訊息。發佈者只負責發佈訊息，每個訊息中包含了該訊息所屬的主題。訂閱者則會跟 Broker 註冊說他要訂閱哪些主題。當 Broker 收到發佈者送出的訊息後，就會根據訊息所屬的主題轉送給有訂閱該主題的訂閱者。在訂閱與發佈的機制下，訂閱者只需要在發佈訊息時才跟 Broker 連線，訊息發佈完就斷線，而訂閱者則需要一直保持與 Broker 之間的連線。下圖為 MQTT 架構。

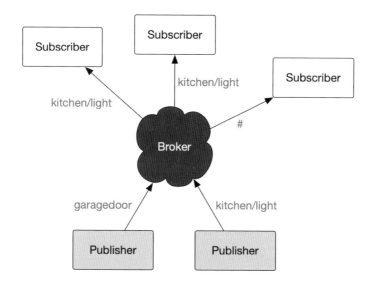

14-3-1 安裝

由於 MQTT 是一種網路通訊協定,因此支援的軟體與函數庫種類不少,推薦使用 mosquitto 這一套,用的人比較多功能也相對完整,網址為 https://mosquitto.org。下載並安裝完成後,裡面主要包含了訂閱者、發佈者與 Broker 這三個程式。三個作業系統的安裝方式都不一樣,官網上有說明,請自行參考。也可以下載原始碼自行編譯後安裝,這樣除了可以裝到最新版的外,有一些功能也可能需要自行編譯時才能開啟,直接下載安裝就缺少了這些功能。但這裡簡單處理,我們直接安裝官方編譯好的就可以了。

除了 mosquitto 外,另外還要安裝 MQTT 在 Python 的函數庫,建議使用 paho,它跟 mosquitto 系出同門都是 Eclipse 基金會維護的,網址為 https://www.eclipse.org/paho。Paho 的安裝方式就很簡單,三個作業系統都一樣,使用 pip 或 pip3 安裝就可以了。

```
$ pip3 install paho-mqtt
```

Mosquitto 安裝完畢後，Broker 應該已經啟動並且是系統服務，所以重開機後會自動執行。我們下兩個指令來試試看訂閱者、發佈者與 Broker 是否正常運作。請開兩個命令提示字元或終端機視窗，在第一個視窗執行訂閱者指令。參數 -t 後方的字串為主題，隨意設定。

```
$ mosquitto_sub -h localhost -t aaa
```

請在第二個視窗執行發佈者指令。

```
$ mosquitto_pub -h localhost -t aaa -m "hello world"
```

發佈者指令執行完後在訂閱者視窗應該會看到 hello world 字串，代表訊息已經送到訂閱者手中。此時，MQTT 系統已經能夠正常運作了。

14-3-2 第一個發佈者與訂閱者程式

最簡單的訂閱者程式如下。函數 received() 為 callback 函數，名稱任意，但參數固定三個，收到的訊息會放在 message.payload 中。

```python
# Python 程式
import paho.mqtt.subscribe as subscribe

def received(client, userdata, message):
    print((message.topic, message.payload))

subscribe.callback(received, 'topic', hostname='broker_ip_address')
```

最簡單的發佈者程式如下。每執行一次訂閱者會收到 hello world 字串一次。

```python
# Python 程式
import paho.mqtt.publish as publish
publish.single('topic', 'hello world', hostname="broker_ip_address")
```

14-3-3 與 MongoDB 結合

先寫一個發佈者程式，模擬物聯網感測器每隔五秒鐘送出一個溫濕度資料，程式碼如下。

```python
# Python 程式
import paho.mqtt.publish as publish
import time
import random
import json
from datetime import datetime

data = {}
dateFormatter = '%Y-%m-%d %H:%M:%S'
topic = 'weather'

while True:
    data['temperature'] = random.randint(20, 30)
    data['humidity'] = random.randint(40, 100)
    data['datestr'] = datetime.strftime(datetime.utcnow(), dateFormatter)
    message = json.dumps(data)

    publish.single(topic, message, hostname='192.168.50.137')
    time.sleep(5)
```

在還沒撰寫訂閱者程式之前，可以先用 mosquitto_sub 指令訂閱 weather 主題看看有沒有收到訊息。

```
$ mosquitto_sub -h 192.168.50.137 -t weather
{"temperature": 26, "humidity": 96, "datestr": "2022-01-17 04:38:59"}
{"temperature": 23, "humidity": 89, "datestr": "2022-01-17 04:39:04"}
```

接下來完成訂閱者程式，將收到的溫濕度資料存到 MongoDB 中。

```python
# Python 程式
import paho.mqtt.subscribe as subscribe
import pymongo
import json
```

```
topic = 'weather'
client = pymongo.MongoClient()
db = client.test

def received(client, userdata, message):
    db.weather.insert_one(json.loads(message.payload))
    print(message.payload)

subscribe.callback(received, topic, hostname='192.168.50.137')
```

透過 MQTT 架構系統有個好處，就是不同平臺都需要呈現溫濕度的即時資料時，不需要進到資料庫去查詢，只要直接跟 Broker 訂閱資料即可。例如在網頁上想要呈現最新的溫濕度資料，只需要跟 Broker 訂閱 weather 主題，行動裝置 App 也是一樣。其實 mosquitto 還支援 WebSocket 協定，因此要在網頁前端收到 MQTT 訊息是很容易的一件事情，請參考筆者的另一本著作《AIOT 與 OpenCV 實戰應用》，裡頭有詳細說明。

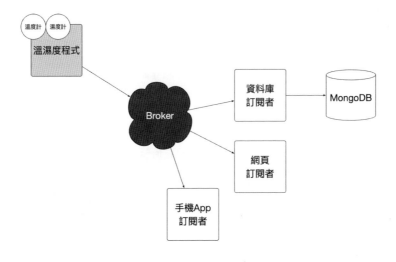

MongoDB 5.x 實戰應用

作　　者：朱克剛
企劃編輯：江佳慧
文字編輯：王雅雯
設計裝幀：張寶莉
發 行 人：廖文良

發 行 所：碁峰資訊股份有限公司
地　　址：台北市南港區三重路 66 號 7 樓之 6
電　　話：(02)2788-2408
傳　　真：(02)8192-4433
網　　站：www.gotop.com.tw
書　　號：AED004100
版　　次：2022 年 05 月初版
建議售價：NT$500

國家圖書館出版品預行編目資料

MongoDB 5.x 實戰應用 / 朱克剛著. -- 初版. -- 臺北市：碁峰資訊, 2022.05
　　面；　　公分
　　ISBN 978-626-324-148-0(平裝)
　　1.CST：資料庫管理系統　2.CST：關聯式資料庫
312.7565　　　　　　　　　　　　　　　111004672

讀者服務

● 感謝您購買碁峰圖書，如果您對本書的內容或表達上有不清楚的地方或其他建議，請至碁峰網站：「聯絡我們」\「圖書問題」留下您所購買之書籍及問題。(請註明購買書籍之書號及書名，以及問題頁數，以便能儘快為您處理)
http://www.gotop.com.tw

● 售後服務僅限書籍本身內容，若是軟、硬體問題，請您直接與軟體廠商聯絡。

● 若於購買書籍後發現有破損、缺頁、裝訂錯誤之問題，請直接將書寄回更換，並註明您的姓名、連絡電話及地址，將有專人與您連絡補寄商品。